城市建设标准专题汇编系列

养老及无障碍标准汇编

本社 编

中国建筑工业出版社

图书在版编目（CIP）数据

养老及无障碍标准汇编/中国建筑工业出版社编. —北京：
中国建筑工业出版社，2016.12
（城市建设标准专题汇编系列）
ISBN 978-7-112-19835-1

Ⅰ.①养… Ⅱ.①中… Ⅲ.①老年人住宅-建筑设计-标准-
汇编-中国　Ⅳ.①TU241.93-65

中国版本图书馆 CIP 数据核字（2016）第 217202 号

责任编辑：孙玉珍　何玮珂　丁洪良

城市建设标准专题汇编系列
养老及无障碍标准汇编
本社　编

*

中国建筑工业出版社出版、发行（北京西郊百万庄）
各地新华书店、建筑书店经销
北京红光制版公司制版
北京圣夫亚美印刷有限公司印刷

*

开本：787×1092毫米　1/16　印张：9　字数：332千字
2016 年 10 月第一版　2016 年 10 月第一次印刷
定价：**38.00** 元
ISBN 978-7-112-19835-1
（29355）

出 版 说 明

工程建设标准是建设领域实行科学管理，强化政府宏观调控的基础和手段。它对规范建设市场各方主体行为，确保建设工程质量和安全，促进建设工程技术进步，提高经济效益和社会效益具有重要的作用。

时隔 37 年，党中央于 2015 年底召开了"中央城市工作会议"。会议明确了新时期做好城市工作的指导思想、总体思路、重点任务，提出了做好城市工作的具体部署，为今后一段时期的城市工作指明了方向、绘制了蓝图、提供了依据。为深入贯彻中央城市工作会议精神，做好城市建设工作，我们根据中央城市工作会议的精神和住房城乡建设部近年来的重点工作，推出了《城市建设标准专题汇编系列》，为广大管理和工程技术人员提供技术支持。《城市建设标准专题汇编系列》共 13 分册，分别为：

1.《城市地下综合管廊标准汇编》
2.《海绵城市标准汇编》
3.《智慧城市标准汇编》
4.《装配式建筑标准汇编》
5.《城市垃圾标准汇编》
6.《养老及无障碍标准汇编》
7.《绿色建筑标准汇编》
8.《建筑节能标准汇编》
9.《高性能混凝土标准汇编》
10.《建筑结构检测维修加固标准汇编》
11.《建筑施工与质量验收标准汇编》
12.《建筑施工现场管理标准汇编》
13.《建筑施工安全标准汇编》

本次汇编根据"科学合理，内容准确，突出专题"的原则，参考住房和城乡建设部发布的"工程建设标准体系"，对工程建设中影响面大、使用面广的标准规范进行筛选整合，汇编成上述《城市建设标准专题汇编系列》。各分册中的标准规范均以"条文＋说明"的形式提供，便于读者对照查阅。

需要指出的是，标准规范处于一个不断更新的动态过程，为使广大读者放心地使用以上规范汇编本，我们将在中国建筑工业出版社网站上及时提供标准规范的制订、修订等信息。详情请点击 www.cabp.com.cn 的"规范大全园地"。我们诚恳地希望广大读者对标准规范的出版发行提供宝贵意见，以便于改进我们的工作。

目　录

中华人民共和国国家标准

老年人居住建筑设计标准

Code for design of residential building for the aged

GB/T 50340—2003

主编部门：中华人民共和国建设部
批准部门：中华人民共和国建设部
施行日期：2 0 0 3 年 9 月 1 日

中华人民共和国建设部
公　告

第 149 号

建设部关于发布国家标准
《老年人居住建筑设计标准》的公告

现批准《老年人居住建筑设计标准》为国家标准，编号为 GB/T 50340—2003，自 2003 年 9 月 1 日起实施。

本标准由建设部标准定额研究所组织中国建筑工业出版社出版发行。

中华人民共和国建设部
2003 年 5 月 28 日

前　言

根据建设部建标标 [2000] 50 号文要求，本标准编制组在广泛调查研究，认真总结实践经验的基础上，参照有关国际标准和国外先进标准，并经充分征求意见，制定了本标准。

本标准的主要技术内容是：1. 总则；2. 术语；3. 基地与规划设计；4. 室内设计；5. 建筑设备；6. 室内环境。主要规定了老年人居住建筑设计时需要遵照执行的各项技术经济指标，着重提出老年人居住建筑设计中需要特别注意的室内设计技术措施，包括：用房配置和面积标准；建筑物的出入口、走廊、公用楼梯、电梯、户门、门厅、户内过道、卫生间、厨房、起居室、卧室、阳台等各种空间的设计要求。

本标准由中国建筑设计研究院负责具体解释，执行中如发现需要修改和补充之处，请将意见和有关资料寄送中国建筑设计研究院居住建筑与设备研究所（北京市车公庄大街 19 号，邮政编码 100044）。

本标准主编单位：中国建筑设计研究院
民政部社会福利和社会事务司

本标准参编单位：中国老龄科学研究中心
北京市建筑设计研究院
中国老龄协会调研部
上海市老龄科学研究中心
上海市老年用房研究会
上海市工程建设标准化办公室
同济大学建筑与城市规划学院
青岛建筑工程学院建筑系
河南省建筑设计研究院

本标准主要起草人员：刘燕辉　开　彦　林建平
王　贺　何少平　常宗虎
程　勇　刘克维　郭　平
马利中　叶忠良　王勤芬
张剑敏　王少华　郑志宏

目　次

1 总 则

1.0.1 为适应我国人口年龄结构老龄化趋势，使今后建造的老年人居住建筑在符合适用、安全、卫生、经济、环保等要求的同时，满足老年人生理和心理两方面的特殊居住需求，制定本标准。

1.0.2 老年人居住建筑的设计应适应我国养老模式要求，在保证老年人使用方便的原则下，体现对老年人健康状况和自理能力的适应性，并具有逐步提高老年人居住质量及护理水平的前瞻性。

1.0.3 本标准适用于专为老年人设计的居住建筑，包括老年人住宅、老年人公寓及养老院、护理院、托老所等相关建筑设施的设计。新建普通住宅时，可参照本标准做潜伏设计，以利于改造。

1.0.4 老年人居住建筑设计除执行本标准外，尚应符合国家现行有关标准、规范的要求。

2 术 语

2.0.1 老年人 the aged people
按照我国通用标准，将年满 60 周岁及以上的人称为老年人。

2.0.2 老年人居住建筑 residential building for the aged
专为老年人设计，供其起居生活使用，符合老年人生理、心理要求的居住建筑，包括老年人住宅、老年人公寓、养老院、护理院、托老所。

2.0.3 老年人住宅 house for the aged
供以老年人为核心的家庭居住使用的专用住宅。老年人住宅以套为单位，普通住宅楼栋中可配套设置若干套老年人住宅。

2.0.4 老年人公寓 apartment for the aged
为老年人提供独立或半独立家居形式的居住建筑。一般以栋为单位，具有相对完整的配套服务设施。

2.0.5 养老院 rest home
为老年人提供集体居住，并具有相对完整的配套服务设施。

2.0.6 护理院 nursing home
为无自理能力的老年人提供居住、医疗、保健、康复和护理的配套服务设施。

2.0.7 托老所 nursery for the aged
为老年人提供寄托性养老服务的设施，有日托和全托等形式。

3 基地与规划设计

3.1 规 模

3.1.1 老年人住宅和老年人公寓的规模可按表

3.1.1 划分。

表 3.1.1 老年人住宅和老年人公寓的规模划分标准

规 模	人 数	人均用地指标
小型	50 人以下	80～100m²
中型	51～150 人	90～100m²
大型	151～200 人	95～105m²
特大型	201 人以上	100～110m²

3.1.2 新建老年人住宅和老年人公寓的规模应以中型为主，特大型老年人住宅和老年人公寓宜与普通住宅、其他老年人设施及社区医疗中心、社区服务中心配套建设，实行综合开发。

3.1.3 老年人居住建筑的面积标准不应低于表3.1.3 的规定。

表 3.1.3 老年人居住建筑的最低面积标准

类 型	建筑面积(m²/人)	类 型	建筑面积(m²/人)
老年人住宅	30	托老所	20
老年人公寓	40	护理院	25
养老院	25		
注：本栏目的面积指居住部分建筑面积，不包括公共配套服务设施的建筑面积。			

3.2 选址与规划

3.2.1 中小型老年人居住建筑基地选址宜与居住区配套设置，位于交通方便、基础设施完善、临近医疗设施的地段。大型、特大型老年人居住建筑可独立建设并配套相应设施。

3.2.2 基地应选在地质稳定、场地干燥、排水通畅、日照充足、远离噪声和污染源的地段，基地内不宜有过大、过于复杂的高差。

3.2.3 基地内建筑密度，市区不宜大于 30%，郊区不宜大于 20%。

3.2.4 大型、特大型老年人居住建筑基地用地规模应具有远期发展余地，基地容积率宜控制在 0.5以下。

3.2.5 大型、特大型老年人居住建筑规划结构应完整，功能分区明确，安全疏散出口不应少于 2 个。出入口、道路和各类室外场地的布置，应符合老年人活动特点。有条件时，宜临近儿童或青少年活动场所。

3.2.6 老年人居住用房应布置在采光通风好的地段，应保证主要居室有良好的朝向，冬至日满窗日照不宜小于 2 小时。

3.3 道路交通

3.3.1 道路系统应简洁通畅，具有明确的方向感和可识别性，避免人车混行。道路应设明显的交通标志及夜间照明设施，在台阶处宜设置双向照明并设扶手。

3.3.2 道路设计应保证救护车能就近停靠在住栋的出入口。

3.3.3 老年人使用的步行道路应做成无障碍通道系统，道路的有效宽度不应小于0.90m；坡度不宜大于2.5%；当大于2.5%时，变坡点应予以提示，并宜在坡度较大处设扶手。

3.3.4 步行道路路面应选用平整、防滑、色彩鲜明的铺装材料。

3.4 场地设施

3.4.1 应为老年人提供适当规模的绿地及休闲场地，并宜留有供老人种植劳作的场地。场地布局宜动静分区，供老年人散步和休憩的场地宜设置健身器材、花架、座椅、阅报栏等设施，并避免烈日暴晒和寒风侵袭。

3.4.2 距活动场地半径100m内应有便于老年人使用的公共厕所。

3.4.3 供老年人观赏的水面不宜太深，深度超过0.60m时应设防护措施。

3.5 停车场

3.5.1 专供老年人使用的停车位应相对固定，并应靠近建筑物和活动场所入口处。

3.5.2 与老年人活动相关的各建筑物附近应设供轮椅使用者专用的停车位，其宽度不应小于3.50m，并应与人行通道衔接。

3.5.3 轮椅使用者使用的停车位应设置在靠停车场出入口最近的位置上，并应设置国际通用标志。

3.6 室外台阶、踏步和坡道

3.6.1 步行道路有高差处、入口与室外地面有高差处应设坡道。室外坡道的坡度不应大于1/12，每上升0.75m或长度超过9m时应设平台，平台的深度不应小于1.50m并应设连续扶手。

3.6.2 台阶的踏步宽度不宜小于0.30m，踏步高度不宜大于0.15m。台阶的有效宽度不应小于0.90m，并宜在两侧设置连续的扶手；台阶宽度在3m以上时，应在中间加设扶手。在台阶转换处应设明显标志。

3.6.3 独立设置的坡道的有效宽度不应小于1.50m；坡道和台阶并用时，坡道的有效宽度不应小于0.90m。坡道的起止点应有不小于1.50m×1.50m的轮椅回转面积。

3.6.4 坡道两侧至建筑物主要出入口宜安装连续的扶手。坡道两侧应设护栏或护墙。

3.6.5 扶手高度应为0.90m，设置双层扶手时下层

扶手高度宜为0.65m。坡道起止点的扶手端部宜水平延伸0.30m以上。

3.6.6 台阶、踏步和坡道应采用防滑、平整的铺装材料，不应出现积水。

3.6.7 坡道设置排水沟时，水沟盖不应妨碍通行轮椅和使用拐杖。

4 室内设计

4.1 用房配置和面积标准

4.1.1 老年人居住套型或居室宜设在建筑物出入口层或电梯停靠层。

4.1.2 老年人居室和主要活动房间应具有良好的自然采光、通风和景观。

4.1.3 老年人套型设计标准不应低于表4.1.3.1和表4.1.3.2的规定。

表4.1.3.1 老年人住宅和老年人公寓的最低使用面积标准

组合形式	老年人住宅	老年人公寓
一室套（起居、卧室合用）	25m²	22m²
一室一厅套	35m²	33m²
二室一厅套	45m²	43m²

表4.1.3.2 老年人住宅和老年人公寓各功能空间最低使用面积标准

房间名称	老年人住宅	老年人公寓
起居室	12m²	
卧室	12m²（双人）10m²（单人）	
厨房	4.5m²	
卫生间	4m²	
储藏	1m²	

4.1.4 养老院居室设计标准不应低于表4.1.4的规定

表4.1.4 养老院居室设计标准

类型	最低使用面积标准		
	居室	卫生间	储藏
单人间	10m²	4m²	0.5m²
双人间	16m²	5m²	0.6m²
三人以上房间	6m²/人	5m²	0.3m²/人

4.1.5 老年人居住建筑配套服务设施的配置标准不应低于表4.1.5的规定。

表 4.1.5 老年人居住建筑配套
服务设施用房配置标准

用　房		项　目	配置标准
餐厅		餐位数	总床位的 60%～70%
		每座使用面积	2m²／人
医疗保健用房		医务、药品室	20～30m²
		观察、理疗室	总床位的 1%～2%
		康复、保健室	40～60m²
服务用房	公用	公用厨房	6～8m²
		公用卫生间（厕位）	总床位的 1%
		公用洗衣房	15～20m²
		公用浴室（浴位）（有条件时设置）	总床位的 10%
	公共	售货、饮食、理发	100 床以上设
		银行、邮电代理	200 床以上设
		客房	总床位的 4%～5%
		开水房、储藏间	10m²／层
休闲用房		多功能厅	可与餐厅合并使用
		健身、娱乐、阅览、教室	1m²／人

4.2　建筑物的出入口

4.2.1　出入口有效宽度不应小于 1.10m。门扇开启端的墙垛净尺寸不应小于 0.50m。

4.2.2　出入口内外应有不小于 1.50m×1.50m 的轮椅回转面积。

4.2.3　建筑物出入口应设置雨篷，雨篷的挑出长度宜超过台阶首级踏步 0.50m 以上。

4.2.4　出入口的门宜采用自动门或推拉门；设置平开门时，应设闭门器。不应采用旋转门。

4.2.5　出入口宜设交往休息空间，并设置通往各功能空间及设施的标识指示牌。

4.2.6　安全监控设备终端和呼叫按钮宜设在大门附近，呼叫按钮距地面高度为 1.10m。

4.3　走　廊

4.3.1　公用走廊的有效宽度不应小于 1.50m。仅供一辆轮椅通过的走廊有效宽度不应小于 1.20m，并应在走廊两端设有不小于 1.50m×1.50m 的轮椅回转面积。

4.3.2　公用走廊应安装扶手。扶手单层设置时高度为 0.80～0.85m，双层设置时高度分别为 0.65m 和 0.90m。扶手宜保持连贯。

4.3.3　墙面不应有突出物。灭火器和标识板等应设置在不妨碍使用轮椅或拐杖通行的位置上。

4.3.4　门扇向走廊开启时宜设置宽度大于 1.30m、深度大于 0.90m 的凹廊，门扇开启端的墙垛净尺寸

不应小于 0.40m。

4.3.5　走廊转弯处的墙面阳角宜做成圆弧或切角。

4.3.6　公用走廊地面有高差时，应设置坡道并应设明显标志。

4.3.7　老年人居住建筑各层走廊宜增设交往空间，宜以 4～8 户老年人为单元设置。

4.4　公用楼梯

4.4.1　公用楼梯的有效宽度不应小于 1.20m。楼梯休息平台的深度应大于梯段的有效宽度。

4.4.2　楼梯应在内侧设置扶手。宽度在 1.50m 以上时应在两侧设置扶手。

4.4.3　扶手安装高度为 0.80～0.85m，应连续设置。扶手应与走廊的扶手相连接。

4.4.4　扶手端部宜水平延伸 0.30m 以上。

4.4.5　不应采用螺旋楼梯，不宜采用直跑楼梯。每段楼梯高度不宜高于 1.50m。

4.4.6　楼梯踏步宽度不应小于 0.30m，踏步高度不应大于 0.15m，不宜小于 0.13m。同一个楼梯梯段踏步的宽度和高度应一致。

4.4.7　踏步应采用防滑材料。当设防滑条时，不宜突出踏面。

4.4.8　应采用不同颜色或材料区别楼梯的踏步和走廊地面，踏步起终点应有局部照明。

4.5　电　梯

4.5.1　老年人居住建筑宜设置电梯。三层及三层以上设老年人居住及活动空间的建筑应设置电梯，并应每层设站。

4.5.2　电梯配置中，应符合下列条件：

　1　轿厢尺寸应可容纳担架。

　2　厅门和轿门宽度应不小于 0.80m；对额定载重量大的电梯，宜选宽度 0.90m 的厅门和轿门。

　3　候梯厅的深度不应小于 1.60m，呼梯按钮高度为 0.90～1.10m。

　4　操作按钮和报警装置应安装在轿厢侧壁易于识别和触及处，宜横向布置，距地高度 0.90～1.20m，距前壁、后壁不得小于 0.40m。有条件时，可在轿厢两侧壁上都安装。

4.5.3　电梯额定速度宜选 0.63～1.0m/s；轿门开关时间应较长；应设置关门保护装置。

4.5.4　轿厢内两侧壁应安装扶手，距地高度 0.80～0.85m；后壁上设镜子；轿门宜设窥视窗；地面材料应防滑。

4.5.5　各种按钮和位置指示器数字应明显，宜配置轿厢报站钟。

4.5.6　呼梯按钮的颜色应与周围墙壁颜色有明显区别；不应设防水地坎；基站候梯厅应设座椅，其他层站有条件时也可设置座椅。

4.5.7 轿厢内宜配置对讲机或电话，有条件时可设置电视监控系统。

4.6 户门、门厅

4.6.1 户门的有效宽度不应小于1m。

4.6.2 户门内应设更衣、换鞋空间，并宜设置座凳、扶手。

4.6.3 户门内外不宜有高差。有门槛时，其高度不应大于20mm，并设坡面调节。

4.6.4 户门宜采用推拉门形式且门轨不应影响出入。采用平开门时，门上宜设置探视窗，并采用杆式把手，安装高度距地面0.80～0.85m。

4.6.5 供轮椅使用者出入的门，距地面0.15～0.35m处宜安装防撞板。

4.7 户内过道

4.7.1 过道的有效宽度不应小于1.20m。

4.7.2 过道的主要地方应设置连续式扶手；暂不安装的，可设预埋件。

4.7.3 单层扶手的安装高度为0.80～0.85m，双层扶手的安装高度分别为0.65m和0.90m。

4.7.4 过道地面及其与各居室地面之间应无高差。过道地面应高于卫生间地面，标高变化不应大于20mm，门口应做小坡以不影响轮椅通行。

4.8 卫 生 间

4.8.1 卫生间与老年人卧室宜近邻布置。

4.8.2 卫生间地面应平整，以方便轮椅使用者，地面应选用防滑材料。

4.8.3 卫生间入口的有效宽度不应小于0.80m。

4.8.4 宜采用推拉或外开门，并设透光窗及从外部可开启的装置。

4.8.5 浴盆、便器旁应安装扶手。

4.8.6 卫生洁具的选用和安装位置应便于老年人使用。便器安装高度不应低于0.40m；浴盆外缘距地高度宜小于0.45m。浴盆一端宜设坐台。

4.8.7 宜设置适合坐姿的洗面台，并在侧面安装横向扶手。

4.9 公用浴室和卫生间

4.9.1 公用卫生间和公用浴室入口的有效宽度不应小于0.90m，地面应平整并选用防滑材料。

4.9.2 公用卫生间中应至少有一个为轮椅使用者设置的厕位。公用浴室应设轮椅使用者专用的淋浴间或盆浴间。

4.9.3 坐便器安装高度不应低于0.40m，坐便器两侧应安装扶手。

4.9.4 厕位内宜设高1.20m的挂衣物钩。

4.9.5 宜设置适合轮椅坐姿的洗面器，洗面器高度宜0.80m，侧面宜安装扶手。

4.9.6 淋浴间内应设高0.45m的洗浴座椅，周边应设扶手。

4.9.7 浴盆端部宜设洗浴坐台。浴盆旁应设扶手。

4.10 厨 房

4.10.1 老年人使用的厨房面积不应小于4.5m²。供轮椅使用者使用的厨房，面积不应小于6m²，轮椅回转面积宜不小于1.50m×1.50m。

4.10.2 供轮椅使用者使用的台面高度不宜高于0.75m，台下净高不宜小于0.70m、深度不宜小于0.25m。

4.10.3 应选用安全型灶具。使用燃气灶时，应安装熄火自动关闭燃气的装置。

4.11 起 居 室

4.11.1 起居室短边净尺寸不宜小于3m。

4.11.2 起居室与厨房、餐厅连接时，不应有高差。

4.11.3 起居室应有直接采光、自然通风。

4.12 卧 室

4.12.1 老年人卧室短边净尺寸不宜小于2.50m，轮椅使用者的卧室短边净尺寸不宜小于3.20m。

4.12.2 主卧室宜留有护理空间。

4.12.3 卧室宜采用推拉门。采用平开门时，应采用杆式门把手。宜选用内外均可开启的锁具。

4.13 阳 台

4.13.1 老年人住宅和老年人公寓应设阳台，养老院、护理院、托老所的居室宜设阳台。

4.13.2 阳台栏杆的高度不应低于1.10m。

4.13.3 老年人设施的阳台宜作为紧急避难通道。

4.13.4 宜设便于老年人使用的晾衣装置和花台。

5 建 筑 设 备

5.1 给 水 排 水

5.1.1 老年人居住建筑应设给水排水系统，给水排水系统设备选型应符合老年人使用要求。宜采用集中热水供应系统，集中热水供应系统出水温度宜为40～50℃。

5.1.2 老年人住宅、老年人公寓应分套设置冷水表和热水表。

5.1.3 应选用节水型低噪声的卫生洁具和给排水配件、管材。

5.1.4 公用卫生间中，宜采用触摸式或感应式等形式的水嘴和便器冲洗装置。

5.2 采暖、空调

5.2.1 严寒地区和寒冷地区的老年人居住建筑应设集中采暖系统。夏热冬冷地区有条件时宜设集中采暖系统。

5.2.2 各种用房室内采暖计算温度不应低于表5.2.2的规定。

表5.2.2 各种用房室内采暖计算温度

用房	卧室起居室	卫生间	浴室	厨房	活动室	餐厅	医务用房	行政办公用房	门厅走廊	楼梯间
计算温度	20℃	20℃	25℃	16℃	20℃	20℃	20℃	18℃	18℃	16℃

5.2.3 散热器宜暗装。有条件时宜采用地板辐射采暖。

5.2.4 最热月平均室外气温高于和等于25℃地区的老年人居住建筑宜设空调降温设备，冷风不宜直接吹向人体。

5.3 电 气

5.3.1 老年人住宅和老年人公寓电气系统应采用埋管暗敷，应每套设电度表和配电箱并设置短路保护和漏电保护装置。

5.3.2 老年人居住建筑中医疗用房和卫生间应做局部等电位联结。

5.3.3 老年人居住建筑中宜采用带指示灯的宽板开关，长过道宜安装多点控制的照明开关，卧室宜采用多点控制照明开关，浴室、厕所可采用延时开关。开关离地高度宜为1.10m。

5.3.4 在卧室至卫生间的过道，宜设置脚灯。卫生间洗面台、厨房操作台、洗涤池宜设局部照明。

5.3.5 公共部位应设人工照明，除电梯厅和应急照明外，均应采用节能自熄开关。

5.3.6 老年人住宅和老年人公寓的卧室、起居室内应设置不少于两组的二极、三极插座；厨房内对应吸油烟机、冰箱和燃气泄漏报警器位置设置插座；卫生间内应设置不少于一组的防溅型三极插座。其他老年人设施中宜每床位设置一个插座。公用卫生间、公用厨房应对应用电器具位置设置插座。

5.3.7 起居室、卧室内的插座位置不应过低，设置高度宜为0.60~0.80m。

5.3.8 老年人住宅和老年人公寓应每套设置不少于一个电话终端出线口。其他老年人设施中宜每间卧室设一个电话终端出线口。

5.3.9 卧室、起居室、活动室应设置有线电视终端插座。

5.4 燃 气

5.4.1 使用燃气的老年人住宅和老年人公寓每套的燃气用量，至少按一台双眼灶具计算。每套设燃气表。

5.4.2 厨房、公用厨房中燃气管应明装。

5.5 安全报警

5.5.1 以燃气为燃料的厨房、公用厨房，应设燃气泄漏报警装置。宜采用户外报警式，将蜂鸣器安装在户门外或管理室等易被他人听到的部位。

5.5.2 居室、浴室、厕所应设紧急报警求助按钮，养老院、护理院等床头应设呼叫信号装置，呼叫信号直接送至管理室。有条件时，老年人住宅和老年人公寓中宜设生活节奏异常的感应装置。

6 室内环境

6.1 采 光

6.1.1 老年人居住建筑的主要用房应充分利用天然采光。

6.1.2 主要用房的采光窗洞口面积与该房间地面积之比，不宜小于表6.1.2的规定。

表6.1.2 主要用房窗地比

房间名称	窗地比
活动室	1/4
卧室、起居室、医务用房	1/6
厨房、公用厨房	1/7
楼梯间、公用卫生间、公用浴室	1/10

6.1.3 活动室必须光线充足，朝向和通风良好，并宜选择有两个采光方向的位置。

6.2 通 风

6.2.1 卧室、起居室、活动室、医务诊室、办公室等一般用房和走廊、楼梯间等应采用自然通风。

6.2.2 卫生间、公用浴室可采用机械通风；厨房和治疗室等应采用自然通风并设机械排风装置。

6.2.3 老年人住宅和老年人公寓的厨房、浴室、卫生间的门下部应设有效开口面积大于0.02m²的固定百叶或不小于30mm的缝隙。

6.3 隔 声

6.3.1 老年人居住建筑居室内的噪声级昼间不应大于50dB，夜间不应大于40dB，撞击声不应大于75dB。

6.3.2 卧室、起居室内的分户墙、楼板的空气声的计权隔声量应大于或等于45dB；楼板的计权标准撞击声压级应小于或等于75dB。

6.3.3 卧室、起居室不应与电梯、热水炉等设备间及公用浴室等紧邻布置。

6.3.4 门窗、卫生洁具、换气装置等的选定与安装部位，应考虑减少噪声对卧室的影响。

6.4 隔热、保温

6.4.1 老年人居住建筑应保证室内基本的热环境质量，采取冬季保温和夏季隔热及节能措施。夏热冬冷地区老年人居住建筑应符合《夏热冬冷地区居住建筑节能设计标准》JGJ134—2001 的有关规定。严寒和寒冷地区老年人居住建筑应符合《民用建筑节能设计标准（采暖居住建筑部分）》JGJ26 的有关规定。

6.4.2 老年人居住的卧室、起居室宜向阳布置，朝西外窗宜采取有效的遮阳措施。在必要时，屋顶和西向外墙应采取隔热措施。

6.5 室内装修

6.5.1 老年人居住建筑的室内装修宜采用一次到位的设计方式，避免住户二次装修。

6.5.2 室内墙面应采用耐碰撞、易擦拭的装修材料，色调宜用暖色。室内通道墙面阳角宜做成圆角或切角，下部宜作 0.35m 高的防撞板。

6.5.3 室内地面应选用平整、防滑、耐磨的装修材料。卧室、起居室、活动室宜采用木地板或有弹性的塑胶板；厨房、卫生间及走廊等公用部位宜采用清扫方便的防滑地砖。

6.5.4 老年人居住建筑的门窗宜使用无色透明玻璃，落地玻璃门窗应装配安全玻璃，并在玻璃上设有醒目标示。

6.5.5 老年人使用的卫生洁具宜选用白色。

6.5.6 养老院、护理院等应设老年人专用储藏室，人均面积 0.60m² 以上。卧室内应设每人分隔使用的壁柜，设置高度在 1.50m 以下。

6.5.7 各类用房、楼梯间、台阶、坡道等处设置的各类标志和标注应强调功能作用，应醒目、易识别。

本规范用词说明

1 为便于在执行本规范条文时区别对待，对要求严格程度不同的用词，说明如下：

1）表示很严格，非这样做不可的用词：

正面词采用"必须"；

反面词采用"严禁"。

2）表示严格，在正常情况下均应这样做的用词：

正面词采用"应"；

反面词采用"不应"或"不得"。

3）表示允许稍有选择，在条件许可时，首先应这样做的用词：

正面词采用"宜"；

反面词采用"不宜"。

表示有选择，在一定条件下可以这样做的，采用"可"。

2 条文中指定按其他有关标准、规范执行时，写法为"应符合……的规定"或"应按……执行"。

中华人民共和国国家标准

老年人居住建筑设计标准

GB/T 50340—2003

条 文 说 明

目　　次

1 总　　则

1.0.1 随着我国国民经济稳步发展，人民生活水平不断提高，人的寿命相应延长，同时，随着计划生育国策的实施，我国人口年龄结构发生变化，目前我国60 岁以上的老年人口已大于 1.32 亿，老龄化发展趋势明显。为适应这种发展变化，适时编制老年人居住建筑设计标准，可及时满足社会发展需要，体现社会文明和进步，并为老年人居住建筑的建设提供依据。

1.0.2 我国传统的养老模式主要是以居家养老为主，设施养老为辅。目前，随着社会文明进步，家庭养老社会化趋向明显，同时，社会养老强调以人为本，为老年人提供家庭式服务。针对这种养老模式要求，本标准要求老年人居住建筑的设计，应充分考虑早期发挥健康老年人的自理能力，日后为方便护理老年人留有余地。

1.0.3 本标准适用于设计各类为老年人服务的居住建筑时遵照执行，包括老年人住宅、老年人公寓及养老院、护理院、托老所等。但不包括以上建筑的附属建筑如附属医院、办公楼等。根据国际经验，真正方便老年人的设计，应是在建造普通住宅时充分考虑人在不同生命阶段的各种需要，以便多数人能够在家中养老。因此本标准可供新建普通住宅时参照，在普通住宅做方便老年人的潜伏设计，以利于改造。

1.0.4 老年人居住建筑设计涉及建筑、结构、防火、热工、节能、隔声、采光、照明、给水排水、暖通空调、电气等多专业，对各专业已有规范规定，本标准除必要的重申外，不再重复，因此，设计时除执行本标准外，尚应符合国家现行有关标准、规范的要求。主要有：

《住宅设计规范》GB 50096—1999
《老年人建筑设计规范》JGJ 122—99
《综合医院建筑设计规范》JGJ 49—88
《疗养院建筑设计规范》JGJ 40—87
《建筑内部装修设计防火规范》GB 50222—95
《城市道路和建筑物无障碍设计规程》JGJ 50—2001
《民用建筑工程室内环境污染控制规范》GB 50325—2001
《夏热冬冷地区居住建筑节能设计标准》JGJ 134—2001

3　基地与规划设计

3.1　规　　模

3.1.1 在老年人住宅和老年人公寓的基地选择与规划设计时需要确定规模，以便相应确定各项指标，本条将其划分为四种规模，便于规划设计时控制用地。对于以套为单位设置在普通住宅区中的老年人住宅，

其指标不受本规定限制。

3.1.2 根据老年人居住生活实态调查，多数老年人不愿意生活在老年人过于集中的环境中，因此要求新建老年人住宅和老年人公寓的规模应以中型为主，以便与周围居住环境协调。我国近期正在开发的一些特大型老年人住宅和老年人公寓，往往自成体系，与周围的普通住宅、其他老年人设施及社区医疗中心、社区服务中心等重复建设，或者配套不完善，本条要求在条件允许时，实行综合开发。

3.1.3 老年人居住建筑的居住部分必须保证一定的面积标准，才能满足老年人的生活要求。根据国外相关资料分析统计及国内调查统计，确定了表3.1.3的最低面积标准规定。其中除老年人住宅以外，均为居住部分的平均建筑面积低限值。老年人住宅的最低面积标准指集中设置的老年人住宅中的单人套型面积。对于以套为单位设置在普通住宅区中的老年人住宅还应满足《住宅设计规范》的要求。

3.2　选址与规划

3.2.1 中小型老年人居住建筑一般直接为特定的居住区服务，因此基地选址宜与居住区配套设置，需选择在交通方便，基础设施完善，临近医疗点的地段。大型、特大型老年人居住建筑其服务半径经常放射到整个区域，可利用的设施较少，因此基地选址时从综合开发的角度出发，需为相应配套设施留有余地。

3.2.2 老年人是对抗自然环境侵害的弱势群体，因此其生活基地的选择需要特殊考虑，特别是日照、防止噪声干扰、场地条件等要优于一般居住区。

3.2.3 由于老年人对日照等的特殊要求，以及在专门建设的老年人社区中，老年人不愿意过分集中生活、老年人居住建筑层数不宜过高等原因，其基地内建筑密度应比一般居住区小，在郊区建设的老年人居住建筑更应提供良好条件。对于市镇改建、插建的老年人居住建筑，如受现状条件限制，其建筑密度应符合居住区规划设计规范的要求。

3.2.4 大型、特大型老年人居住建筑一般采用分期建设，其建设周期较长，根据国际同类建筑的建设经验，各种为老年人服务的配套设施要求越来越高，因此本条要求，在规划阶段对基地用地预留远期发展余地。

3.2.5 老年人居住建筑一般分为居住生活、医疗保健、辅助服务、休闲娱乐等功能分区，特别是大型、特大型老年人居住建筑，规划时要求结构完整，分区明确，注意安全疏散出口不应少于 2 个，以保证防灾疏散安全。老年人反应较迟钝，动作缓慢，因此供其使用的出入口、道路和各类室外场地的布置，应符合老年人的这些活动特点。同时，老年人特别需要老少同乐的生活气氛，国际上提倡建设老年人与青少年一

起活动的"三明治"建筑，本条要求条件允许时，将老年人居住建筑临近布置在儿童或青少年活动场所周围。

3.2.6 阳光是人类生存和保障人体健康的基本要素之一，在居室内获得充足的日照是保证行动不便的老人身心健康的重要条件。因此，本条规定老年人居住用房应布置在采光通风好的地段，应保证主要居室有良好的朝向，冬至日满窗日照不宜小于2小时。

3.3 道 路 交 通

3.3.1 根据老年人居住生活实态调查，多数老年人存在视力障碍、方向感减弱等困难，老年人迷失方向或发生交通事故的情况越来越多。因此要求道路系统简洁通畅，具有明确的方向感和可识别性，尽量人车分流，确保老年人步行安全。道路应设明显的交通标志及夜间照明设施，在台阶处宜设置双向照明。

3.3.2 老年人是发生高危疾病和各种家庭事故频率最高的人群，因此，要求老年人居住建筑区中的各种道路直接通达所有住栋的出入口，以保证救护车最大限度靠近事故地点。

3.3.3 老年人中使用轮椅代步的比例较高。因此，步行道路要求足够的有效宽度并符合无障碍通道系统设计要求。同时应照顾行动不便的老人，在步行道路出现高差时设缓坡，变坡点给予提示，并宜在坡度较大处设扶手。

3.3.4 对于老年人，在步行中摔倒是极其危险的，因此要求步行道路应选用平整、防滑的铺装材料，以保证老年人行动安全。

3.4 场 地 设 施

3.4.1 在国内外资料综合分析中发现，绿地、水面、休闲、健身设施是老年人居住建筑室外环境的基本要素，本条要求充分考虑老年人活动特点，在场地布置时动静分区，一般将运动项目场地作为"动区"，与供老年人散步、休憩的"静区"适当隔离，并要求在"静区"设置花架、座椅、阅报栏等设施，并避免烈日暴晒和寒风侵袭，以满足修身养性的需求。

3.4.2 根据老年人居住实态调查，室外活动时担心找厕所难的现象十分普遍，因此，从老年人生理和心理需求出发，在距活动场地半径100m内设置公共厕所十分必要。

3.4.3 老年人在低头观察事物时，发生昏厥导致事故的频率较高，因此本条规定，老年人居住区中供老年人观赏的水面不宜太深，当深度超过0.60m时，应设置栏杆、格栅、防护网等装置，保护老年人安全。

3.5 停 车 场

3.5.1 我国交通法规对老年人驾驶机动车的年龄限制已经放宽，根据国际经验，老年驾车者将越来越多，因此要求在老年人居住建筑的停车场中为其留有相对固定的停车位，一般在靠近建筑物和活动场所入口处。

3.5.2 老年人中的轮椅使用者乘车或驾车的机会明显增加，在老年人居住建筑中属于经常性活动，因此，要求与老年人活动相关的各建筑物附近设置供其专用的停车位，并保证足够的宽度方便上下车。

3.5.3 本条根据国际通用建筑物无障碍设计原则。

3.6 室外台阶、踏步和坡道

3.6.1 根据《城市道路和建筑物无障碍设计规范》JGJ50—2001规定，老年人居住建筑的步行道路有高差处、入口与室外地面有高差处应属无障碍设计范围，本条与其规定一致。

3.6.2 台阶是老年人发生摔伤事故的多发地，因此，通常采用加大踏步宽度，降低踏步高度的做法方便老年人蹬踏。同时，必须注意保证台阶的有效宽度大于普通通道，避免发生碰撞，特别是对持拐杖的老人，轻微的碰撞可能产生致命的危险。扶手不仅能协助轮椅使用者，也对持拐杖的老人、视力障碍老人等在台阶处的行走带来安全与方便。因此规定在台阶两侧设置连续的扶手；台阶宽度在3m以上时，宜在中间加设扶手。

3.6.3 老年人居住建筑的各种坡道应进行无障碍设计，特别是独立设置的坡道，其最小净宽应满足轮椅使用者要求；坡道和台阶并用时，要兼顾轮椅使用者和步行老人的安全与方便。因此，坡道的有效宽度不应小于0.90m。坡道的起止点应有不小于1.50m×1.50m的轮椅回转面积。

3.6.4 在坡道两侧安装连续的扶手，以便持拐杖的老人和轮椅使用者安全移动，并且保持重心稳定。坡道两侧设置护栏或护墙可防止拐杖头和轮椅前轮滑出栏杆外。

3.6.5 设置双层扶手，使在坡道上行走的老年人和轮椅使用者可以借助扶手使力，提高使用的方便性。

3.6.6 为了保证老年人行走安全，台阶、踏步和坡道还应采用防滑、平整的铺装材料，特别需要防止出现积水，积水除增加滑倒危险外，容易引起老年人为避开积水身体失去平衡的事故。

3.6.7 坡道或坡道转折处常设置排水沟，排水沟盖若处理不当，会卡住通行轮椅和拐杖头，造成行动不便或引发摔伤事故。

4 室 内 设 计

4.1 用房配置和面积标准

4.1.1 老年人居住套型或居室应尽量安排在可以直

接通向室外的楼层或电梯停靠层，当没有电梯通达时，其位置不应高于三层。

4.1.2 老年人居室应保证阳光充足，空气清新卫生并有良好的景观，利于老年人颐养身心。

4.1.3 在《住宅设计规范》第3.1.2条中规定一类住宅，居室数量为2时，最小使用面积为34m²。但考虑到目前我国平均居住水平和老年人住宅的发展现状，供单身老年人居住的、卧室、起居室合用的小户型住宅会成为一种发展方向。

各功能空间的使用面积标准均为最低标准，是在参照《住宅设计规范》规定的套内空间面积基础上，考虑到护理及使用轮椅的需要而制定的最小使用面积。

老年人公寓可以设置公用小厨房或公用餐厅等，因此对厨房最小面积不作规定。由于老年人的杂物比年轻人多，所以一定要在老年人套型内设计储物空间。

4.1.4 在养老院中，居室是老年人长时间居住的场所，因此生活空间不宜太小。储藏面积包括独立的储藏间面积及居室内壁柜所需面积。

4.1.5 老年人居住建筑中的配套服务设施应为老年人提供老有所养、老有所医、老有所乐、老有所学、老有所为的服务，因此要考虑餐厅、医疗用房、公共服务用房、健身活动用房及其他用房等。表4.1.5.1列举了各类用房应包括的主要空间和面积，设计时应根据具体情况补充。

4.2 建筑物的出入口

4.2.1 参照《住宅设计规范》第3.9.5条的规定，公用外门洞口最小宽度为1.2m。加装门扇开启后的最大有效宽度可达1.10m，可以满足轮椅使用者通过。预留0.50m宽的门垛可以保证轮椅使用者有足够的开关门空间。

4.2.2 为避免发生交通干扰，应在出入口门扇开启范围之外留出轮椅回转面积。

4.2.3 设置雨篷既可以防雨又可以防止出入口上部物体坠落伤人。雨篷覆盖范围应尽量大，保证出入口平台不积水。

4.2.4 采用推拉门既节省了门扇开启的空间，又减少了出入人流的交通干扰，特别便于轮椅使用者和使用拐杖的人使用。当设置自动门时，要保证轮椅通过的时间。

4.2.5 出入口外部的形象设计要鲜明，易于识别。门厅是老年人从居室到室外的交通枢纽和集散地，因此可结合门厅设置休息空间，并设置保卫、传达、邮电等服务设施以及醒目易懂的指示标牌。

4.2.6 为方便老年人使用并便于管理，各种感应器、摄像头、呼叫和报警按钮宜相对集中地设在大门附近。

4.3 走 廊

4.3.1 公用走廊的宽度应保证老年人在使用轮椅和拐杖时能够安全通行。公用走廊的有效宽度在1.50m以上时可以保证轮椅转动180°以及轮椅和行人并行通过。当不能保证1.50m的有效宽度时，也可以设计为1.20m，但应在走廊的两端（防火分区的尽端）设置轮椅回转空间。

4.3.2 根据老年人的身体尺度和行为特点，应在走廊中可能造成不稳定姿势的地方设置扶手。设置双层扶手时，上层扶手的高度适合老年人站立和行走，下层扶手适合轮椅使用者和儿童使用。

4.3.3 灭火器和标识板等宜嵌墙安装，当墙面出现柱子和消火栓等突出物时，应采取相应措施保持扶手连贯并保证1.20m的有效宽度。

4.3.4 为防止给走廊上通行的人造成危险，平开门开向走廊时应设凹室，使门扇不在走廊内突出，同时应保证门扇开启端留有0.40m宽的墙垛，方便轮椅使用者使用。

4.3.5 走廊转弯处凸角部分要通过切角或圆弧来保证视线，并使轮椅容易转弯。

4.3.6 由于建筑用地等客观原因产生高差时，应设置平缓坡道。如果公用走廊宽度大于2.40m，可与坡道同时设置踏步。

4.3.7 受气候和身体条件的限制，老年人外出行动不便，社会交往减少，因此，应利用公用走廊增加老年人活动交往空间，创造融洽的邻里关系。

4.4 公用楼梯

4.4.1 考虑到老年人使用拐杖和在他人帮助下行走的情况，公用楼梯的有效宽度应比普通住宅适当加宽。

4.4.2 由于老年人使用楼梯扶手时的手臂用力方向不同，所以应在楼梯两侧设置扶手。

4.4.3 楼梯扶手的高度参照《住宅设计规范》第4.1.3条的规定，考虑到安全的要求，定位0.90m高。如果扶手在中途或端部突然断开，老年人就有可能发生踏空和羁绊等危险，所以扶手应连续设置，并应与走廊扶手相连接。

4.4.4 楼梯上下口的扶手和扶手端部都应保证有0.30m以上的水平部分，扶手端部应向下或向墙壁方向弯曲，以免挂住衣物，发生危险。

4.4.5 老年人的动作不灵活，采用螺旋楼梯或在梯段转折处加设踏步，会使老年人边旋转边上下走动，容易造成踩空等事故，应避免使用这种形式的楼梯。供老年人使用的楼梯每上升1.50m宜设休息平台。为缩短老年人从楼梯跌落时的距离，不宜采用直跑楼梯。

4.4.6 老年人使用的楼梯应比普通楼梯平缓，但踏步太高或太低都不好，（踏步高＋踏步宽×2）的值宜保持在0.70～0.85m之间。在同一楼梯中，如果踏步尺寸发生变化，会给老年人上下楼梯带来困难，也容易发生危险，所以同一楼梯梯段应保证踏步高度和进深一致。

4.4.7 楼梯地面应使用防滑材料，并在踏步边沿处设置防滑条。防滑条如果太厚会有羁绊的危险，因此防滑条和踏面应保持在同一平面上。

4.4.8 老年人视力下降，如果台阶处光线太暗或颜色模糊，会发生羁绊或踏空的危险。因此使用不同颜色和材料区别楼梯踏步和走廊地面，并设置局部照明，以便于看清楚。

4.5 电　梯

4.5.1 在多层住宅和公寓中，为使老年人上下楼方便，应设置电梯。老年人居住套型和老年人活动用房应设在电梯停靠层上。在单元式住宅中，如果每单元只设一部电梯，则应在老年人居住的楼层用联廊连通，便于互相交替使用。

4.5.2

1 老年人在家中突发疾病的情况很多，需要及时救助，因此电梯轿厢尺寸应能满足搬运担架所需的最小尺寸。

2 轮椅和担架的最小通过宽度为0.80m。

3 应保证电梯厅有适当的空间，便于老年人和轮椅使用者出入电梯，尤其是当轿厢尺寸小于1.50m×1.50m时，轮椅需要在电梯厅内回转。另外，还要考虑搬运家具和担架等的需要。

4 在轿厢侧壁横向安装的操作板便于坐在轮椅上的人使用。为方便上肢动作不便的老年人使用，最好在轿厢两侧同时安装操作板。

4.5.3 宜选用低速、变频电梯以减小运行中的眩晕感。老年人行动较慢，为避免电梯关门时给老年人造成恐慌和伤害，应采用延时按钮和感应式关门保护装置。

4.5.4 轿厢后壁上设置镜子可以让轮椅使用者不用转身就能看到身后的情况；轿门上设置窥视窗可以让轿厢内外的人在开轿门之前互相看到。这两种措施都可以避免出入电梯的人流冲撞。

4.5.5 由于老年人视力下降，宜配置大型显示器和报层音响装置，用声音通报电梯升降方向和所达楼层。

4.5.6 防水地坎易使老年人出入电梯时发生羁绊，也会给轮椅的通行造成障碍，因此宜采取暗装的防水构造措施。

4.5.7 无论是在电梯出现故障时，还是在轿厢内的老年人发生意外时，都可通过监控和对讲设备及时发现并采取措施。

4.6 户门、门厅

4.6.1 户门是关系到老年人外出方便与否的重要部位，尤其是对于使用拐杖和轮椅的老年人，宽一些的户门可以方便出入。另外，对老年人实施护理、救助等行动时也需要宽一些的户门可以方便设备进出。

4.6.2 现在很多人有进门换鞋的习惯，因此在户门和门厅处有必要合理安排更衣、换鞋空间，并安装扶手、座凳。

4.6.3 由于住宅装修越来越普遍，常有因装修产生的材质和高差变化，为方便老年人出入，应尽量减少高差。

4.6.4 老年人常常需要外界的帮助和护理，安全性就显得比私密性更重要。老年人居住的套型户门上设置探视窗，可以使护理人员和邻里及时观察到户内的异常情况，从而及时救助。使用平开门时应选用杆式把手，避免选用球形把手。杆式把手应向内侧弯。

4.6.5 在出入户门时，轮椅的脚踏板常常会碰撞门扇，损伤户门，所以应在相应高度安装耐撞击的保护挡板。

4.7 户内过道

4.7.1 过道是连接房间之间的交通空间。老年人随着下肢及视力功能的下降，行动时需要各种辅助设施。为使老年人能借助拐杖、轮椅或他人看护行走，应保证足够的过道宽度。

4.7.2 为保证老年人行走的安全，过道应设连续的扶手。对于一些健康老年人，出于减少依赖和心理负担的考虑，可以在建房时预留安装扶手的构造，并标明位置，以便在需要时安装。

4.7.3 在大多数情况下，单层设置的扶手就可以满足各类群体的需要。有条件时可设置双层扶手，上层扶手的高度适合老年人站立和行走，下层扶手适合轮椅使用者和儿童使用。

4.7.4 在过道与厨房、卫生间之间有高差时，应使用不同的颜色和材质予以区分，但应注意不要因高差和材质的变化导致羁绊和打滑等情况。

4.8 卫生间

4.8.1 老年人去卫生间的次数较一般人频繁，因此，卫生间应设置在距离老年人卧室近的地方。

4.8.2 老年人使用的卫生间应方便轮椅进出，地面不应有过高的地坎或门轨等突出物。卫生间的地面易积水，地面应采用防水、防滑材料。

4.8.3 轮椅的最小通过宽度为0.80m。

4.8.4 为使老年人在卫生间内发生意外时能得到及时的发现和救助，卫生间的门应能够顺利地打开，应采用推拉门或外开门，并安装可以从外部打开的锁。

4.8.5 扶手的安装位置因老年人衰老和病变的部位

不同而变化。如果预留扶手安装埋件时，埋件位置应留出可变余地（见图4.8.5-1、图4.8.5-2）。

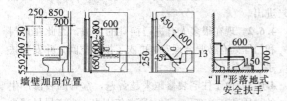

图4.8.5-1 坐便器扶手的预留及安装位置

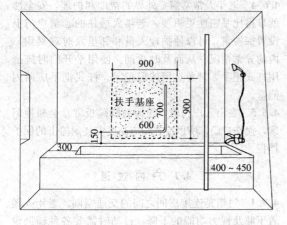

图4.8.5-2 浴盆扶手的预留及安装位置

4.8.6 由于老年人腰腿及腕力功能下降，应选用高度适当的便器和浴缸。浴缸边缘应加宽并设洗浴坐台。洗浴坐台可以固定设置，也可以使用活动装置，当老年人无法独自入浴时，可以较容易地在他人的帮助下洗浴。

4.8.7 洗面台的高度应适当降低，可以让老年人坐着洗脸。洗面台下应留有足够的腿部空间，即使轮椅使用者也可以方便地使用。在洗面台侧面应安装横向扶手，可同时用作毛巾撑杆。

4.9 公用浴室和卫生间

4.9.1 老年人身体机能下降，行动不灵活，公用浴室门口出入的人较多，如有高差和积水等情况，易发生摔倒等事故，因此门洞应适当加宽并选用平整防滑的地面材料。

4.9.2 现在使用轮椅的老年人越来越多，因此在公用浴室和卫生间中应设置供轮椅使用者使用的设施。

4.9.3 由于老年人的腰腿功能下降，因此老年人使用的公用卫生间不应设蹲便器。坐便器的高度应适当，并在坐便器两侧靠前位置设置易于抓握的扶手。

4.9.4 设置较低的挂衣钩适于坐姿的人和轮椅使用者取挂物品。

4.9.5 洗面器下部应留有足够的腿部空间，便于轮椅使用者使用。侧面安装扶手既可以帮助老年人行动，又可以挂放物品（见图4.9.5-1、图4.9.5-2）。

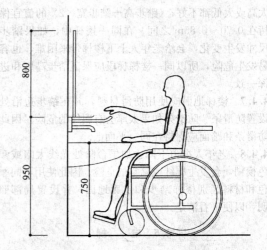

图4.9.5-1 轮椅使用者使用的洗面器

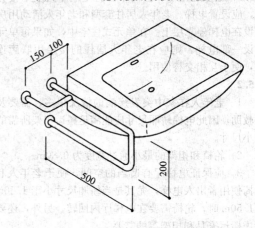

图4.9.5-2 洗面器侧面的扶手

4.9.6 老年人在洗浴时易摔倒，设置座椅和扶手可以使老年人安全舒适地洗浴。浴盆旁应设扶手，方便老年人跨越出入浴盆。

4.9.7 浴盆边缘宜适当加宽，老年人可以坐在浴盆边缘出入。浴盆端部应设洗浴坐台，可以使老年人在他人的帮助下洗浴。

4.10 厨 房

4.10.1 厨房中操作繁多，应充分考虑操作的安全性和方便性。老年人使用的厨房宜适当加大。轮椅使用者使用的厨房应留有轮椅回转面积。

4.10.2 应合理配置洗涤池、灶具、操作台的位置。操作台的安装尺寸以方便老年人和轮椅使用者使用为原则。

4.10.3 厨房中的燃气和明火是最危险的因素，老年人使用的厨房应设置自动报警、关闭燃气装置。

4.11 起 居 室

4.11.1 起居室（有时兼作餐厅）是全家团聚的中心场所，老年人一天中大部分时间在这里度过。为使全家人感觉舒适，应充分考虑布置家具和活动的空间。

4.11.2 老年人经常在起居室、餐厅和厨房之间活动，餐厅、厨房装修后的地面与起居室地面之间应保持平整，避免发生羁绊的危险。

4.11.3 参照《住宅设计规范》第3.2.2条的规定，起居室应能直接采光和自然通风，并宜有良好的视野景观。

4.12 卧　室

4.12.1 卧室是个人休息和放松的重要空间，应保证卧室的面积和舒适度。

4.12.2 随着机体的衰老，老年人行动不方便，常常会在卧室里接受医疗和护理，因此老年人的主卧室宜留有足够的护理空间。

4.12.3 推拉门对于轮椅使用者来说尤其方便。为使老年人在卧室中发生意外时能得到外界的救助，应选用可从外部开启的门锁。

4.13 阳　台

4.13.1 阳台是近在咫尺的户外活动空间，对丰富老年人的生活无疑是非常难得的，阳台作为放松和愉悦心情的空间，应保证其适当的面积。

4.13.2 为防止老年人产生眩晕，减少恐高心理，增加安全感，阳台栏杆的高度比一般住宅的要求略高。

4.13.3 在相邻两户阳台隔墙上宜设可开关的门，在发生紧急情况时老年人可以通过邻室逃生或救护人员可以通过邻室到老人家里救助。

4.13.4 阳台除了用于晾晒衣物以外，还可以用来种植花草和享受日光浴等户外生活。

5 建筑设备

5.1 给水排水

5.1.1 在居住建筑中老年人使用水的频率比其他年龄段的人高，应配备方便的给水排水系统及符合老年人生理、心理特征的设备系统。目前各种局部供热水设备的操作普遍比较复杂，不利于老年人使用，因此，一般情况下宜采用集中热水供应系统，并保证集中热水供应系统出水温度适合老年人简单操作即可使用。

5.1.2 老年人住宅和老年人公寓一般分套出售或者出租，从方便计量科学管理的角度出发，设计时应分别设置冷水表和热水表。

5.1.3 老年人一般睡眠不深，微小的响声都会影响睡眠，因此，应选用流速小、流量控制方便的节水型、低噪声的卫生洁具和给水排水配件、管材。

5.1.4 老年人在公用卫生间中往往精神紧张，手忙脚乱。因此，公用卫生间中的水嘴和便器等宜采用触摸式或感应式等自动化程度较高、操作方便的型式，

以减少负担。

5.2 采暖、空调

5.2.1 集中采暖系统是使用和管理上符合老年人特点和习惯的采暖系统，要求在老年人居住建筑应用。夏热冬冷地区采用临时局部采暖的情况较多，但使用不便而且容易引起事故，本条要求有条件时宜设集中采暖系统。

5.2.2 老年人体质较差，对室内温度要求较高，本条要求各种用房室内采暖计算温度应符合表5.2.2的规定。表中各项指标比一般居住建筑规定略高。

5.2.3 散热器常常成为房间中凸出的障碍物，造成老年人行动不便或者碰伤事故，因此主张暗装。地板采暖既没有凸出的散热器，而且暖气从脚下上升，符合老年人生理要求，有条件时宜采用。

5.2.4 参照《住宅设计规范》第6.4.5条的规定，最热月平均室外气温高于和等于25℃地区的老年人居住建筑应预留空调设备的位置和条件。由于老年人体质弱，抵抗气温变化能力差，本标准要求相应地区的老年人住宅应预留空调设备的位置和条件，其他老年人居住建筑的空调设备宜一次安装到位。老年人温度感知能力下降，冷风直接吹向人体会导致老年人受凉感冒或者引发关节疼痛，需在设计时注意。

5.3 电　气

5.3.1 用电安全是老年人住宅和老年人公寓设计中应特别注意的问题，明装电气系统容易受到各种破坏导致漏电，所以应采用埋管暗敷，应每套设电度表以便计量管理，分套设配电箱并设置短路保护有利于电路控制与维修，并且有效控制各种电气线路事故。

5.3.2 人体皮肤潮湿时阻抗下降，沿金属管道传导的较小电压即可引起电击伤亡事故。在老年人居住建筑中医疗用房和卫生间等房间做局部等电位联结，可使房间处于同一电位，防止出现危险的接触电压。

5.3.3 老年人因视力障碍和手脚不灵活等问题常常在寻找电气开关时发生困难或危险，因此需要采用带指示灯的宽板开关。当过道距离长时，安装多点控制开关可以避免老年人关灯后在黑暗的走廊中行走。在浴室、厕所采用延时开关可帮助老人安全返回卧室。开关离地高度在1.10m左右是老年人最顺手的地方。

5.3.4 脚灯作为夜间照明用灯，既不会产生眩光，又能使老年人在夜间活动时减少羁绊和摔倒等危险。在厨房操作台和洗涤池前常常使用玻璃器皿和刀具，老年人的视力减弱，因此增加局部照明可以减少被划伤的危险。

5.3.5 老年人居住建筑公共部位的照明质量，关系到老年人行动方便与安全。一般的开关除了使用不便外容易产生"长明灯"，造成灯具寿命短，中断照明现象严重。因此除电梯厅和应急照明外，均应采用节

能自熄开关。

5.3.6 老年人居住建筑中如果电气插座的数量和位置不合理。容易造成拉明线甚至出现妨碍老年人活动的各种"飞线"，是电气火灾或绊倒老年人的隐患。本条要求老年人住宅和老年人公寓的卧室、起居室内应设置足够数量的插座；卫生间内应设置不少于一组的防溅型三极插座。其他主要电气设备的对应位置应设置插座；其他老年人设施中宜每床位设置一个插座。公用卫生间、公用厨房应对应用电器具位置设置插座。

5.3.7 起居室和卧室内电器用具较多，一般插座距地 0.40m 左右，老年人弯腰使用有困难，因此应在较高的位置设置安全插座，方便老年人使用。

5.3.8 电话已经成为我国人民生活的必需品，特别是老年人行动不便，电话是其对外交流的重要工具，各方人士也可通过电话对老年人进行照顾，并提供各种服务，因此老年人住宅和老年人公寓应每套设置一个以上电话终端出线口。其他老年人设施中宜每间卧室设一个电话终端出线口。

5.3.9 有线电视在我国已经十分普及，根据老年人居住实态调查，在家中看电视是老年人居住生活中最重要的活动之一。本条要求卧室、起居室、活动室应设置有线电视终端插座。

5.4 燃 气

5.4.1 使用燃气烹饪最符合我国老年人家庭的饮食要求，预计在老年人住宅、老年人公寓中燃气将继续作为主要燃料，因此每套住宅或公寓至少按一台双眼灶具计算用量并设燃气表独立计量。

5.4.2 为了防止燃气泄漏并引起爆炸和火灾，要求老年人居住建筑的厨房、公用厨房中燃气管应明装。

5.5 安全报警

5.5.1 老年人由于操作燃具失误较多，而且反应迟钝，难以及时发现燃气泄漏，十分危险，因此要求以燃气为燃料的厨房、公用厨房，应设燃气泄漏报警装置。同时由于老年人反应能力和救险能力弱，因此要求燃气泄漏报警装置采用户外报警式，将蜂鸣器安装在户门外以便其他人员帮助。

5.5.2 及时发现老年人出现的各种突发事故并及时救助，是老年人居住建筑的重要功能，目前各种先进的手段越来越多，但最基本的是在居室、浴室、厕所设紧急报警求助按钮以及在养老院、护理院等床头设呼叫信号装置，并把呼叫信号直接送至有关管理部门。有条件时，老年人住宅和老年人公寓中宜设生活节奏异常的感应装置，这种装置能及时反映老年人生活节奏异常，如上厕所间隔时间过长，在卧室时间过长等等，并立即报告有关人员，以便及时采取救助措施。

6 室内环境

6.1 采 光

6.1.1 老年人视力减退，睡眠时间减少，对时光极其珍惜，往往偏爱明亮的房间。因此，居住建筑的主要用房应充分利用天然采光，有益于身体健康，给老年人更多的光明和未来。

6.1.2 为了保证老年人居住建筑的主要用房有充分的天然采光，根据国内外相关资料，提出表 6.1.2 的规定，要求保证各房间的窗地比低限值。该比值比一般居住建筑要求略高。

6.1.3 根据 6.1.2 的规定，活动室的窗地比要求较高，同时活动室面积较大，一般的朝向和单向布置难以满足要求，因此宜选择有两个采光方向的位置。

6.2 通 风

6.2.1 老年人居住建筑中的卧室、起居室、活动室、医务诊室、办公室等用房和走廊、楼梯间等是老年经常活动的空间，因此，应采用自然通风，以便老年人在自然环境中自由呼吸空气。

6.2.2 受条件限制，卫生间、公用浴室等私密性较强的房间有时不能自然通风，所以允许采用机械通风；厨房和治疗室仅靠自然通风往往不能满足快速排除污染空气的要求，因此要求同时设机械排风装置。

6.2.3 老年人住宅、老年人公寓的厨房及采用机械通风的浴室、卫生间等在进行机械排气时，需要由门进风，以便保持负压，有利于整套房子的气流组织。因此要求这些房间的门下部应设有效开口面积大于 0.02m² 的固定百叶或不小于 30mm 的缝隙以利进风。

6.3 隔 声

6.3.1 老年人睡眠较轻，易受干扰，在休息时需要较安静的环境。因此，有效控制老年人居住建筑的环境噪声对老年人的健康是非常重要的。

6.3.2 《住宅设计规范》要求分户墙、楼板的空气声的计权隔声量应大于或等于 40dB；本标准考虑老年人对空气噪声干扰的心理承受能力较弱，提高标准，定为大于或等于 45dB。对楼板的计权标准撞击声压级的规定与《住宅设计规范》一致，要求小于或等于 75dB。

6.3.3 电梯、热水炉等设备间及公用浴室等是老年人居住建筑中产生噪声最严重的地方，电梯的升降振动声音，热水炉的蒸汽排气声等对卧室、起居室的干扰极大地影响老年人的身心健康。一般的隔声、减震措施效果不佳。因此规定这些房间不应相互紧邻布置。

6.3.4 根据老年人居住实态调查，普遍反映受到门窗的开启声、卫生洁具给排水噪声、厨房或卫生间换气装置的振动声音等干扰。本条要求在选定门窗开启形式及其他设备时要选择低噪声的形式。同时对安装部位，应考虑减少噪声对卧室的影响，特别应远离睡眠区域。

6.4 隔热、保温

6.4.1 老年人居住建筑应保证室内基本的热环境质量，夏热冬冷地区除符合《夏热冬冷地区居住建筑节能设计标准》JGJ134—2001 的有关规定外，在设计中还应注重建筑布置向阳、避风，保证主要居室有充足的日照，以利于冬季保温；避免东、西晒，合理组织自然通风，以利夏季隔热、防热。严寒和寒冷地区除符合《民用建筑节能设计标准（采暖居住建筑部分）》JGJ26 的有关规定外，还应注重建筑节能设计，建筑体型应简洁，体型系数不宜大于 0.3。

6.4.2 阳光是保障老年人身心健康的重要条件，在具体设计中，应尽量选择好朝向、好的建筑平面布置以创造具有良好日照条件的居住空间。另外，从节能的原则出发，老年人居住建筑的卧室、起居室一般不宜朝西开窗，但在特殊场地或特殊建筑体型的情况下，西窗需采取遮阳和防寒措施。屋顶和西向外墙还应采取隔热措施，保证传热系数符合要求。

6.5 室 内 装 修

6.5.1 与普通住宅不同，老年人居住建筑的室内装修设计需要专业设计，大量的装修项目关系到老年人的生命安全和生理、心理健康。而且室内装修设计必须与建筑设计统一协调，否则无法全面体现建筑对老年人关怀的思想，因此，要求采用一次到位的设计方式，不应采用提供空壳由住户二次装修的设计方案。

6.5.2 老年人行动不便，常常扶着墙走，搬动物体时由于年老体衰经常碰壁。所以室内墙面应采用耐碰撞、易擦拭的装修材料。同时室内通道阳角部位宜做成圆角或切角墙面，以免碰撞脱落。

6.5.3 老年人身体平衡功能较差，室内地面略有不平或太滑容易引起事故。卧室、起居室、活动室采用木地板或有弹性的塑胶板还可避免走动时发出噪声，特别是防止持拐杖走路发出的声音对左邻右舍的影响；厨房、卫生间及走廊等公用部位用水频繁，而且经常需清扫，因此需采用清扫方便和防滑的地砖。

6.5.4 老年人视力减退，对光线的敏感度降低，有色玻璃或反光玻璃容易造成老年人的视觉误差，不利于老年人的身心健康。现在建筑设计中经常使用落地玻璃门窗，易造成错觉发生事故，因此落地玻璃门窗应装配安全玻璃，并在玻璃上设有醒目标示或图案。

6.5.5 老年人身体各方面机能衰退，多有疾病。机体出现异常或病变后，常常可以通过粪便等排出物的异常状况反映出来，因此，老年人使用的卫生洁具宜选用白色，易于及时发现老年人的病情，并易于清洁。

6.5.6 根据老年人居住实态调查，多数老人有保留某种旧物的习惯，而且存量较大，这些旧物对他人的生活会有不良影响，而对老人自己却十分宝贵，因此在养老院、护理院等采用集体居住的建筑中，应设老年人专用储藏室，并且保证人均有足够的面积。卧室内应设每人分隔使用的壁柜，设置高度应在 1.50m 以下，便于老年人频繁使用。

6.5.7 在老年人居住建筑的各类用房、楼梯间、台阶、坡道等处设置的各类标志和标注经常结合室内装修，过于突出装饰效果，不符合老年人生理、心理要求。本条要求强调功能作用，达到醒目、易识别，正确指引老人，方便生活的目的。

中华人民共和国国家标准

城镇老年人设施规划规范

Code for planning of city and town facilities for the aged

GB 50437—2007

主编部门：中华人民共和国建设部
批准部门：中华人民共和国建设部
施行日期：2008年6月1日

中华人民共和国建设部
公 告

第 746 号

建设部关于发布国家标准
《城镇老年人设施规划规范》的公告

现批准《城镇老年人设施规划规范》为国家标准，编号为GB 50437—2007，自 2008 年 6 月 1 日起实施。其中，第 3.2.2、3.2.3、5.3.1 条为强制性条文，必须严格执行。

本规范由建设部标准定额研究所组织中国计划出版社出版发行。

中华人民共和国建设部
二〇〇七年十月二十五日

前 言

本规范是根据建设部建标〔2002〕85 号文件《关于印发"2001～2002 年度工程建设国家标准制定、修订计划"的通知》的要求，由南京市规划设计研究院会同有关单位共同编制完成的。

本规范在编制过程中，认真总结实践经验，广泛调查研究，参考了有关国际标准和国外先进技术，并广泛征求了全国有关单位和专家的意见，最后经专家和有关部门审查定稿。

本规范的主要技术内容包括：总则，术语，分级、规模和内容，布局与选址，场地规划等。

本规范以黑体字标志的条文为强制性条文，必须严格执行。

本规范由建设部负责管理和对强制性条文的解释，南京市规划设计研究院负责具体技术内容的解释。本规范在执行过程中，请各有关单位结合规划实践，总结经验，并注意积累资料，随时将有关意见和建议反馈给南京市规划设计研究院（地址：南京市鼓楼区中山路 55 号新华大厦 36 楼；邮政编码：210005），以供今后修订时参考。

本规范主编单位、参编单位和主要起草人：

主 编 单 位：南京市规划设计研究院

参 编 单 位：大连市规划设计研究院
江苏省民政厅

主要起草人：张正康 刘正平 贺 文 陶 韬
曹世法 曲 玮 凌 航 丁盛清

目　次

1 总　则

1.0.1 为适应我国人口结构老龄化,加强老年人设施的规划,为老年人提供安全、方便、舒适、卫生的生活环境,满足老年人日益增长的物质与精神文化需要,制定本规范。

1.0.2 本规范适用于城镇老年人设施的新建、扩建或改建的规划。

1.0.3 老年人设施的规划,应符合下列要求:

　　1 符合城镇总体规划及其他相关规划的要求;

　　2 符合"统一规划、合理布局、因地制宜、综合开发、配套建设"的原则;

　　3 符合老年人生理和心理的需求,并综合考虑日照、通风、防寒、采光、防灾及管理等要求;

　　4 符合社会效益、环境效益和经济效益相结合的原则。

1.0.4 老年人设施规划除应执行本规范外,尚应符合国家现行的有关标准的规定。

2 术　语

2.0.1 老年人设施　facilities for the aged

专为老年人服务的居住建筑和公共建筑。

2.0.2 老年公寓　apartment for the aged

专为老年人集中养老提供独立或半独立家居形式的居住建筑。一般以栋为单位,具有相对完整的配套服务设施。

2.0.3 养老院　home for the aged

专为接待老年人安度晚年而设置的社会养老服务机构,设有起居生活、文化娱乐、医疗保健等多项服务设施。养老院包括社会福利院的老人部、敬老院、护养院。

2.0.4 老人护理院　nursing home for the aged

为无自理能力的老年人提供居住、医疗、保健、康复和护理的配套服务设施。

2.0.5 老年学校(大学)　school for the aged

为老年人提供继续学习和交流的专门机构和场所。

2.0.6 老年活动中心　center of recreation activities for the aged

为老年人提供综合性文化娱乐活动的专门机构和场所。

2.0.7 老年服务中心(站)　station of service for the aged

为老年人提供各种综合性服务的社区服务机构和场所。

2.0.8 托老所　nursery for the aged

为短期接待老年人托管服务的社区养老服务场所,设有起居生活、文化娱乐、医疗保健等多项服务设施,可分日托和全托两种。

3 分级、规模和内容

3.1 分　级

3.1.1 老年人设施按服务范围和所在地区性质分为市(地区)级、居住区(镇)级、小区级。

3.1.2 老年人设施分级配建应符合表 3.1.2 的规定。

表 3.1.2　老年人设施分级配建表

项　目	市(地区)级	居住区(镇)级	小区级
老年公寓	▲	△	
养老院	▲	▲	
老人护理院	▲		
老年学校(大学)	▲	△	
老年活动中心	▲	▲	▲
老年服务中心(站)		▲	▲
托老所		△	▲

注:1　表中▲为应配建;△为宜配建。

　　2　老年人设施配建项目可根据城镇社会发展进行适当调整。

　　3　各级老年人设施配建数量、服务半径应根据各城镇的具体情况确定。

　　4　居住区(镇)级以下的老年活动中心和老年服务中心(站),可合并设置。

3.2 配建指标及设置要求

3.2.1 老年人设施中养老院、老年公寓与老人护理院配置的总床位数量,应按 1.5～3.0 床位/百老人的指标计算。

3.2.2 老年人设施新建项目的配建规模、要求及指标,应符合表 3.2.2-1 和表 3.2.2-2 的规定,并应纳入相关规划。

表 3.2.2-1　老年人设施配建规模、要求及指标

项目名称	基本配建内容	配建规模及要求	配建指标	
			建筑面积 (m²/床)	用地面积 (m²/床)
老年公寓	居家式生活起居,餐饮服务、文化娱乐、保健服务用房等	不应小于80床位	≥40	50～70
市(地区)级养老院	生活起居、餐饮服务、文化娱乐、医疗保健、健身用房及室外活动场地等	不应小于150床位	≥35	45～60
居住区(镇)级养老院	生活起居、餐饮服务、文化娱乐、医疗保健用房及室外活动场地等	不应小于30床位	≥30	40～50
老人护理院	生活护理、餐饮服务、医疗保健、康复用房等	不应小于100床位	≥35	45～60

注:表中所列各级老年公寓、养老院、老人护理院的每床位建筑面积及用地面积均为综合指标,已包括服务设施的建筑面积及用地面积。

表 3.2.2-2 老年人设施配建规模、要求及指标

项目名称	基本配建内容	配建规模及要求	配建指标	
			建筑面积（m²/处）	用地面积（m²/处）
市(地区)级老年学校(大学)	普通教室、多功能教室、专业教室、阅览室及室外活动场地等	(1)应为5班以上； (2)市级应具有独立的场地、校舍	≥1500	≥3000
市(地区)级老年活动中心	阅览室、多功能教室、播放厅、舞厅、棋牌类活动室、休息室及室外活动场地等	应有独立的场地、建筑，并应设置适合老人活动的室外活动设施	1000～4000	2000～8000
居住区(镇)级老年活动中心	活动室、教室、阅览室、保健室、室外活动场地等	应设置大于300m²的室外活动场地	≥300	≥600
居住区(镇)级老年服务中心	活动室、保健室、紧急援助、法律援助、专业服务等	镇老人服务中心应附设不小于50床位的养老设施；增加的建筑面积应按每床建筑面积不小于35m²、每床用地面积不小于50m²另行计算	≥200	≥400
小区老年活动中心	活动室、阅览室、保健室、室外活动场地等	应附设不小于150m²的室外活动场地	≥150	≥300
小区级老年服务站	活动室、保健室、家政服务用房等	服务半径应小于500m	≥150	—
托老所	休息室、活动室、保健室、餐饮服务用房等	(1)不应小于10床位，每床建筑面积不小于20m²； (2)应与老年服务站合并设置	≥300	—

注：表中所列各级老年公寓、养老院、老人护理院的每床位建筑面积及用地面积均为综合指标，已包括服务设施的建筑面积及用地面积。

3.2.3 城市旧城区老年人设施新建、扩建或改建项目的配建规模、要求应满足老年人设施基本功能的需要，其指标不应低于本规范表3.2.2-1和表3.2.2-2中相应指标的70%，并应符合当地主管部门的有关规定。

4 布局与选址

4.1 布 局

4.1.1 老年人设施布局应符合当地老年人口的分布特点，并宜靠近居住人口集中的地区布局。

4.1.2 市(地区)级的老人护理院、养老院用地应独立设置。

4.1.3 居住区内的老年人设施宜靠近其他生活服务设施，统一布局，但应保持一定的独立性，避免干扰。

4.1.4 建制镇老年人设施布局宜与镇区公共中心集中设置，统一安排，并宜靠近医疗设施与公共绿地。

4.2 选 址

4.2.1 老年人设施应选择在地形平坦、自然环境较好、阳光充足、通风良好的地段布置。

4.2.2 老年人设施应选择在具有良好基础设施条件的地段布置。

4.2.3 老年人设施应选择在交通便捷、方便可达的地段布置，但应避开对外公路、快速路及交通量大的交叉路口等地段。

4.2.4 老年人设施应远离污染源、噪声源及危险品的生产储运等用地。

5 场 地 规 划

5.1 建 筑 布 置

5.1.1 老年人设施的建筑应根据当地纬度及气候特点选择较好的朝向布置。

5.1.2 老年人设施的日照要求应满足相关标准的规定。

5.1.3 老年人设施场地内建筑密度不应大于30%，容积率不宜大于0.8。建筑宜以低层或多层为主。

5.2 场地与道路

5.2.1 老年人设施场地坡度不应大于3%。

5.2.2 老年人设施场地内应人车分行，并应设置适量的停车位。

5.2.3 场地内步行道路宽度不应小于1.8m，纵坡不宜大于2.5%并应符合国家标准的相关规定。当在步行道中设台阶时，应设轮椅坡道及扶手。

5.3 场地绿化

5.3.1 老年人设施场地范围内的绿地率：新建不应低于40%，扩建和改建不应低于35%。

5.3.2 集中绿地面积应按每位老年人不低于2m²设置。

5.3.3 活动场地内的植物配置宜四季常青及乔灌木、草地相结合，不应种植带刺、有毒及根茎易露出地面的植物。

5.4 室外活动场地

5.4.1 老年人设施应为老年人提供适当规模的休闲场地，包括活动场地及游憩空间，可结合居住区中心绿地设置，也可与相关设施合建。布局宜动静分区。

5.4.2 老年人游憩空间应选择在向阳避风处，并宜设置花廊、亭、榭、桌椅等设施。

5.4.3 老年人活动场地应有1/2的活动面积在标准的建筑日照阴影线以外，并应设置一定数量的适合老年人活动的设施。

5.4.4 室外临水面活动场地、踏步及坡道，应设护栏、扶手。

5.4.5 集中活动场地附近应设置便于老年人使用的公共卫生间。

本规范用词说明

1 为便于在执行本规范条文时区别对待，对要求严格程度不同的用词说明如下：

1）表示很严格，非这样做不可的用词：

正面词采用"必须"，反面词采用"严禁"。

2）表示严格，在正常情况下均应这样做的用词：

正面词采用"应"，反面词采用"不应"或"不得"。

3）表示允许稍有选择，在条件许可时首先应这样做的用词：

正面词采用"宜"，反面词采用"不宜"；

表示有选择，在一定条件下可以这样做的用词，采用"可"。

2 本规范中指明应按其他有关标准、规范执行的写法为"应符合……的规定"或"应按……执行"。

中华人民共和国国家标准

城镇老年人设施规划规范

GB 50437—2007

条 文 说 明

目　次

1 总　则

1.0.1 我国 60 岁以上人口占总人口数已超过 10%，按联合国有关规定，我国已正式进入老年型社会。据预测，今后老年人口占总人口的比例还将继续增长。严峻的人口老龄化形势将给处于发展中的我国带来巨大的挑战。今天的社会应当关注老年人的生活需求，这些需求不仅包括"老有所养，老有所医"的基本物质需要，还应包括"老有所为，老有所学，老有所乐"等方面的精神需要。关心老年人，是社会文明和进步的标志之一，这个问题是否解决得好，关系到我国政治和社会的稳定和发展。

由于多方面的原因，我国未专门制定过有关老年人设施规划的技术性规范。将老年人设施纳入城市规划和建设的轨道，确保老年人设施的规划和建设质量，是编制本规范的根本目的。

1.0.2 我国已有不少城镇建起了一批老年人设施，在各种特定的条件限制下，这些设施普遍存在着数量不足、规模小、内容不全及设施简陋、环境质量差等问题，因此本规范明确提出不仅适用于新建，也适用于改建和扩建的要求。

1.0.3 老年人设施作为公共设施的一部分，应与城镇其他规划一样共同遵守总体规划及相关规划的要求。本条是老年人设施规划必须遵循的基本原则：

1　老年人设施规划也是城镇公共设施的一部分，因此应符合总体规划及其他相关规定。

2　在城市和乡镇规划区内进行老年人设施建设，必须遵守《中华人民共和国城市规划法》中提出的"统一规划、合理布局、因地制宜、综合开发、配套建设"的原则。

3　老年人由于生理机能衰退，出现年老体弱、行动迟缓、步履蹒跚等生理特点和内心孤独的心理特征，因此对环境的要求应比普通人更高，老年人设施的规划和建设必须符合老年人的特点。

4　过去老年人设施主要属于社会福利设施，经济效益考虑相对较少。我国现在和将来的老年人设施投资呈多元化趋势，老年人设施除了考虑社会和环境效益外，也需考虑经济效益。因此，提出"三个效益"相结合，以满足可持续发展的需要。

1.0.4 老年人设施规划涉及面广，因此除了符合本规范外，尚应符合和遵守其他相关规范的要求。

2 术　语

本章内容是对本规范涉及的基本词汇给予统一的定义，以利于对本规范内容的正确理解和使用。

1　联合国规定：60 岁及以上老年人占 10% 或 65 岁以上占 7% 的城市和社会称老龄化城市或老龄化社会。我国民政部及学术界基本上使用 60 岁作为老年人界限，因此本规范使用 60 岁作为老年人的标准。

2　由于老年人设施现有的名词很多，本规范术语应力求反映时代特点。如养老院这一名词实际上涵盖社会福利院中的老人部、护老院、敬老院等内容。在老年教育设施方面，虽然"老年教育"不属于学历教育，但考虑到从 20 世纪 80 年代开始，在一些城市中将市级老年教育设施称"老年大学"，区（县）级老年教育设施称"老年学校"，被老年教育界、民政界等多部门所接受，所以本规范对此类名词予以纳入、肯定。

3　现有的老年人设施内容很多，本次老年人设施内容的选定，一方面参照国际惯例，但更主要的是从国情考虑。如老年病医院，由于老年病医院专业性很强，一般规模的城市使用得很少，因此本规范不予考虑。还有如养老设施方面，主要根据老年人从 60 岁到临终不同阶段的生理特点及需求，确定了老年公寓、养老院及老人护理院等三种养老方式。

3 分级、规模和内容

3.1 分　级

3.1.1 老年人设施作为城市公共设施的一类，应当按照城市公共设施的分级序列相应地分级配置，分为三级：市（地区）级、居住区（镇）级、小区级。大、中城市由于城市规模大、人口多，应根据管理、服务需要在市级的下一层次增设地区级，由于市级、地区级功能相近，本规范合并为一级。建制镇的人口规模与居住区大致相同，对老年人设施的需求近似于居住区要求，故规范中合并至居住区级。

根据以上原则分级，形成的老年人设施网络能够基本覆盖城镇各级居民点，满足老年人使用的需求；其分级的方式应与现行国家标准《城市居住区规划设计规范》GB 50180 衔接，有利于不同层次的设施配套；在实际运作中可以与现有的以民政系统管理为主的老年保障网络相融合，如市级要求两者基本相同，本规范地区级则相当于后者规模较大、辐射范围较大的区级设施，而本规范居住区级则和街道办事处管辖规模 3～5 万人相一致，便于组织管理，在原有基础上进一步充实、深化。

3.1.2 本条对各级老年人设施应配建或宜配建项目做出了具体规定。表 3.1.2 中的规定是依据老年人的需求程度、使用频率、设施的服务内容、服务半径以及经济因素综合确定的。如养老院，提供长期综合社会养老服务，要求设施齐全，服务半径大，因而设在居住区（镇）级以上。而老年服务中心（站）为居家养老的老年人提供日常服务，使用频率高，设施相对简单，因而需就近在居住区、小区内设置。

我国地域辽阔，各区域中城镇的规模相差大，人口老龄化的程度亦不相同，所以老年人设施的配建规模、数量必须根据其具体的人口规模、人口老龄化程度等因素确定。此外，老年人设施目前多属公益设施，在城市新区建设中应当以本规范和相关规范为依据与其他设施同步规划，同步建设。

3.2 配建指标及设置要求

3.2.1 我国各区域经济水平差异较大，各地的养老观念和养老模式也不相同。世界平均养老床位为 1.5 床位/百老人，发达国家为 4.0～7.0 床位/百老人。我国现状还不到 1.0 床位/百老人，投资一张普通养老床位需 3～5 万元，故本规范将养老院、老年公寓与老人护理院配置的总床位数要求确定在 1.5～3.0 床位/百老人之间。各地可按实际情况确定具体的百老人床位数。

调查发现，各个城市老年人人口与本城市总人口关系不大。如新兴城市，工矿城市老年人人口不足 7%，而老的城市则可达15% 以上。因此，本规范养老机构床位数未采用千人指标。

3.2.2 本条对各级老年人设施的设置要求做出了具体规定。通过调研、国内外资料的对比，以及对各种规范的参考借鉴，表中量化了多数老年人设施的主要指标，如养老院的单床建筑面积，全国各地现状多为 30～35m²/床之间，日本同类设施建议值为 33m²，现行国家标准《城市居住区规划设计规范》GB 50180 规定养老院单床建筑面积应大于等于 40m²。现行国家标准《老年人居住建筑设计标准》GB/T 50340 规定养老院人均建筑面积 25m²。综合以上规定，本规范明确了相应指标。表 3.2.2-1 和表 3.2.2-2 中，设施的规模则是根据各项目自身经营管理及经济合理性决定的，如市（地区）级养老院，150 床位规模是考虑到发挥其各类服务设作用比较经济。表中的用地规模则是根据建筑密度、容积率推算确定的。

1 市（地区）级老年人机构对下级老年人设施具有业务上的示范和指导关系，有的还承担着培训老年人设施服务人员、认证其上岗资格的功能，因而在具体的设置规定中，用地面积、建筑面积等指标宜适当放宽，考虑到有些大城市中，城市或辖区人口多，老龄化程度高，该级设施应进行统一规划，可分若干处分步实施。

2 居住区（镇）级、小区级老年人设施对周围的老年人服务直接、频繁，因而在今后的新区建设中必须与住宅建设同步规划、同步实施，同时交付使用。

3.2.3 考虑到城市旧城区中，人口密度大，用地十分紧张，在旧城区中新建、扩建或改建老年人设施时，可酌情调整相关指标，但不应低于 3.2.2-1 和表 3.2.2-2 中相应指标的 70%，以满足基本功能需要。

4 布局与选址

4.1 布 局

4.1.1 根据调查结果显示，老年人口的分布情况不尽相同，表现在如下方面：东西部地区的差异、发达与不发达地区的差异、新城市与老城市的差异、不同规模的城市之间的差异、同一城市新区与旧区的差异。一般说来，城市老城区的老年人比例相对新城区要大。因此，老年人设施的布局应根据老年人在新旧城区的分布特点，并按照老年人设施规模合理配建。

4.1.2 市（地区）级的老人护理院、养老院等老年人设施，其服务对象不是为居家养老的老年人提供的，而是一种社会养老机构，尤其老人护理院是为生活已不能自理，特别是为需要临终关怀的老年人设立的，对环境的要求相对较高，因此这些机构应避开相同级别的其他公共设施而独立设置。

4.1.3 由于居住区内的老年人设施规模不大，服务内容和功能相对简单并相兼容，因此，为达到经济适用，社会效益明显，并方便老年人使用，规划时可集中设置，统一布局。

居住区内的老年人设施，属于居住区公共设施的组成部分，在满足老年人设施的一些特殊要求如安静、安全、避免干扰等条件的前提下，可以与其他的公共设施相对集中，方便使用，但应保证老年人设施具有一定的独立性。

4.1.4 由于一般建制镇的规模较小，老年人设施的布局可以与镇区其他公共设施综合考虑，并尽量与医疗保健、绿地、广场靠近，有利于方便使用、节约用地及设施的共享。但老年人设施应相对独立，确保老年人设施的安静、安全、避免干扰等特殊要求。

4.2 选 址

4.2.1 从生理和心理需求考虑，为有利于老年人的安全和体能的需要，老年人设施应选地形平坦的地段布置。老年人对自然，尤其是对阳光、空气有较高的要求，所以老年人设施应尽可能选择绿化条件较好、空气清新、接近河湖水面等环境的地段布置。

4.2.2 由于市级老年人设施如养老院、老人护理院等往往选在离市区较远的位置，因此除考虑用地本身所具备的基础设施条件外，还应考虑用地邻近地区中可利用的基础设施条件。

4.2.3 老年人设施的选址要考虑方便老年人的出行需要，尽量选择在交通便捷、方便可达的地段，以满足老年人由于体力不支和行动不便带来的乘车需求。特别是养老院、老年公寓等老年人设施，还要考虑子女与入住老年人探望联系的方便。从调查资料中分析，子女探望老人不但应有便捷和方便可达的交通，而且所花的路

途时间以不超过一小时左右为最佳，这对老年人设施的入住率具有重要影响。从安全和安静的角度出发，老年人设施也应避开邻近对外交通、快速干道及交通量大的交叉路口路段。

4.2.4 老年人身体素质一般较差，对环境的敏感度也很高，因此在对老年人设施选址时，应特别考虑周边环境情况，尽量远离污染源、噪声源及危险品生产或储运用地，并应处在以上不利因素的上风向。

5 场地规划

5.1 建筑布置

5.1.1 日照对老年人健康至关重要，因此，对建筑物的朝向首先应作具体规定。由于我国地域辽阔，南部有些省地处北回归线以南而东北有些市县却在北纬 50°以北，气候差别较大，对朝向要求也不同。受地理位置影响，不宜明确要求具体方位，为此提示老年人建筑应选择较好朝向便于设计人员有切合实际的灵活选择。

5.1.2 关于老年人建筑的日照标准，在现行国家标准《老年人居住建筑设计标准》GB/T 50340 和《城市居住区规划设计规范》GB 50180 已有明确指标，即老年人居住用房日照不应低于冬至日 2 小时的标准。此标准比普通住宅更高，体现了对老年人的关怀。

5.1.3 为保证老年人设施场地内有足够的活动空间，对建筑密度、容积率提出限制要求。另外，根据老年人的生理特点，提出建筑的高度应以低层或多层为主。三层及三层以上老年人建筑应设电梯的规定已在现行国家标准《老年人居住建筑设计标准》GB/T 50340 中明确，本规范不再重复。

5.2 场地与道路

5.2.1 我国真正意义上的平原不多，中部有些丘陵地，西部更多为山地，老年人设施用地不大，因此，提出场地坡度不应大于 3%，以方便老年人活动，特别是为能够自理的老年人行动提供更好的条件。

5.2.2 老年人设施场地内人行道、车行道应分设，防止老年人因行动迟缓，视力、听力差而发生意外事故。随着小汽车的发展，本着方便老年人使用的原则，在老年人设施场地内靠近入口处应考虑一定量的停车位。

5.2.3 对老年人设施场地内步行道宽度作出明确的宽度规定，是考虑到两辆轮椅交会加上陪护人员的宽度。老年人设施场地应符合国家现行标准《城市道路和建筑物无障碍设计规范》JGJ 50 的相关规定，主要是考虑轮椅行走方便，在步行道中遇有较大坡度需设台阶时，应在台阶一侧设轮椅坡道，并设扶手栏杆及提示标志。

5.3 场地绿化

5.3.1 对老年人设施场地内绿地率的指标数据，是根据老年人设施的建筑密度、容积率等要求提出的，应明显高于一般居住区。一般除建筑占地、道路、室外铺装地面等，均应绿化。

5.3.2 明确集中绿化面积的人均指标下限高于居住区人均 1.5m² 的指标，能有较大面积绿化环境效应和营造园艺气氛。

5.3.3 为营造良好的环境气氛，确保环境空气质量及较好的视觉效果，应精心考虑植物的配置，不应种植对老年人室外活动产生伤害的植物。

5.4 室外活动场地

5.4.1 室外活动场地内容应充分考虑老年人活动特点，场地布置时动静分区。一般将有活动器械或设施的场地作为"动区"，与供老年人休憩的"静区"适当隔离。

5.4.2 老年人户外空间要求比室内更严，冬日要有温暖日光，夏

日要考虑遮阳。这类要求在选址时应考虑,有的还要在场地规划时做人为改造,诸如种树、建廊、遮阳等。花廊、亭、榭还应考虑更多功能,如两人闲谈,多人下棋等不同的需要,使老年人在这些场所相互交流,颐养天年。

5.4.3 老年人除了室内活动外更需要户外活动,户外活动是晒太阳、锻炼身体的需要,也是相互交流的方式。因此,本条提出室外活动场地的日照要求。室外活动场地应根据老年人的生理活动需求,设老年人活动设施,具体数量及内容按场地大小、经济实力和参与活动的老年人兴趣而定,本规范不做太具体的规定。

5.4.4 从安全角度考虑,凡老年人设施场地内的水面周围、室外踏步、坡道两侧均应设扶手、护栏,以保证老年人行动的方便和安全。

5.4.5 从老年人生理和心理特点出发,在活动场地附近设置公共卫生间十分必要。

中华人民共和国国家标准

无障碍设施施工验收及维护规范

Construction acceptance and maintenance
standards of the barrier-free facilities

GB 50642—2011

主编部门：江 苏 省 住 房 和 城 乡 建 设 厅
批准部门：中华人民共和国住房和城乡建设部
施行日期：2 0 1 1 年 6 月 1 日

中华人民共和国住房和城乡建设部
公　　告

第 886 号

关于发布国家标准
《无障碍设施施工验收及维护规范》的公告

　　现批准《无障碍设施施工验收及维护规范》为国家标准，编号为 GB 50642—2011，自 2011 年 6 月 1 日起实施。其中，第 3.1.12、3.1.14、3.14.8、3.15.8 条为强制性条文，必须严格执行。

　　本规范由我部标准定额研究所组织中国计划出版社出版发行。

中华人民共和国住房和城乡建设部

二○一○年十二月二十四日

前　　言

　　本规范是根据住房和城乡建设部《关于印发〈2008 年工程建设标准规范制订、修订计划（第一批）〉的通知》（建标〔2008〕102 号）的要求，由南京建工集团有限公司和江苏省金陵建工集团有限公司会同有关单位共同编制完成的。

　　本规范在编制过程中，编制组进行了广泛的调查研究，分赴我国华南、西南、东北、华东等地区进行考察和调研，并充分地征求全国无障碍建设专家的意见，对主要问题进行了反复论证，最后经审查定稿。

　　本规范共分 4 章和 7 个附录，主要技术内容包括：总则、术语、无障碍设施的施工验收、无障碍设施的维护。

　　本规范中以黑体字标志的条文为强制性条文，必须严格执行。

　　本规范由住房和城乡建设部负责管理和对强制性条文的解释，江苏省住房和城乡建设厅负责日常管理，由南京建工集团有限公司和江苏省金陵建工集团有限公司负责具体技术内容的解释。在执行过程中，请各单位结合无障碍城市的建设，认真总结经验，如发现需要修改和补充之处，请将意见和建议寄至南京建工集团有限公司无障碍施工管理组（地址：南京市阆城大道 26 号，邮政编码：210012），以供今后修订时参考。

　　本规范主编单位、参编单位、主要起草人和主要审查人：

主 编 单 位： 南京建工集团有限公司

江苏省金陵建工集团有限公司

参 编 单 位： 江苏中兴建设有限公司

南京市住房和城乡建设委员会

南京市城市管理局

南京市残疾人联合会

上海市政工程设计研究总院

南京市市政设计研究院有限责任公司

上海崇海建设发展有限公司

南京嘉盛建设集团有限公司

南京万科物业管理有限公司

南京市雨花台区建筑安装工程质量监督站

南京市第四建筑工程有限公司

主要起草人： 汪志群　周序洋　钱艺柏

鲁开明　吕　斌　张　怡

吴　迪　张卫东　张步宏

张殿齐　杜　军　吴　立

徐　健　王　斌　夏永锋

丁新伟　葛新明　管　平

吴纪宁

主要审查人： 周文麟　祝长康　吴松勤

孟小平　孙　蕾　陈育军

王奎宝　陈国本　胡云林

梁晓农　赵建设　曾　虹

郑祥斌　郭　健　邓晓梅

目　次

Contents

1 总　则

1.0.1 为贯彻落实《残疾人保障法》，方便残疾人、老年人等社会特殊群体以及全体社会成员出行和参与社会活动，加强无障碍物质环境的建设，规范无障碍设施施工和维护活动，统一施工阶段的验收要求和使用阶段的维护要求，制定本规范。

1.0.2 本规范适用于新建、改建和扩建的城市道路、建筑物、居住区、公园等场所的无障碍设施的施工验收和维护。

1.0.3 无障碍设施的施工和维护应确保安全和适用。

1.0.4 无障碍设施的施工和交付应与建设工程的施工和交付相结合，同步进行。无障碍设施施工应进行专项的施工策划和验收；无障碍设施应做到定期检查维护，消除隐患，确保其安全和正常使用。

1.0.5 无障碍设施施工验收及维护除应符合本规范的规定外，尚应符合国家现行有关标准的规定。

2 术　语

2.0.1 无障碍设施　barrier-free facilities

为残疾人、老年人等社会特殊群体自主、平等、方便地出行和参与社会活动而设置的进出道路、建筑物、交通工具、公共服务机构的设施以及通信服务等设施。

2.0.2 家庭无障碍　barrier-free transform in residence

为适应残疾人、老年人等社会特殊群体需要，对其住宅设置无障碍设施的活动。

2.0.3 抗滑系数　coefficient of slip-resistance

物体克服最大静摩擦力，开始产生滑动时的切向力与垂直力的比值。

2.0.4 抗滑摆值　british pendulum number

采用摆式摩擦系数测定仪测定的道路表面的抗滑能力的表征值。

2.0.5 盲文标志　braille sign

采用盲文标识，使视力残疾者通过手的触摸，了解所处位置、指示方向的标志。包括盲文地图、盲文铭牌和盲文站牌。

2.0.6 盲文铭牌　braille board

在无障碍设施或附近的固定部位上设置的采用盲文标识告知信息的铭牌。

2.0.7 求助呼叫按钮　emergency button

设置在无障碍厕所、浴室、客房、公寓和居住建筑内，在紧急情况下用于求助呼叫的装置。

2.0.8 护壁（门）板　baseboard

在墙体和门扇下部，为防止轮椅脚踏碰撞设置的挡板。

2.0.9 观察窗　viewing-window

为方便残疾人、老年人等社会特殊群体通行，在视线障碍处（如不透明门、转弯墙）设置的供观察人员动态的窗口。

2.0.10 无障碍设施施工　barrier-free facilities construction

为实现无障碍设施的设计要求，有组织地对无障碍设施进行策划、实施、检验、验收和交付的活动。

2.0.11 无障碍设施维护人　barrier-free facilities maintainer

无障碍设施维护的责任人和承担者，一般指设施的产权所有人或其委托的管理人。

2.0.12 无障碍设施维护　barrier-free facilities maintenance

为保证无障碍设施在正常条件下正常使用，对无障碍设施进行检查、维修和日常养护的活动。无障碍设施的维护分为系统性维护、功能性维护和一般性维护。

2.0.13 无障碍设施的系统性维护　systematic maintenance of barrier-free facilities

对新建、改建和扩建造成的无障碍设施出现的系统性缺损所进行维护的活动。

2.0.14 无障碍设施的功能性维护　functional maintenance of barrier-free facilities

对无障碍设施的局部出现裂缝、变形和破损，松动、脱落和缺失，故障、磨损、褪色和防滑性能下降等功能性缺损所进行维护的活动。

2.0.15 无障碍设施的一般性维护　general maintenance of barrier-free facilities

对无障碍设施被临时占用或被污染等一般性缺损所进行维护的活动。

3 无障碍设施的施工验收

3.1 一般规定

3.1.1 设计单位就审查合格的施工图设计文件向施工单位进行技术交底时，应对该工程项目包含的无障碍设施作出专项的说明。

3.1.2 无障碍设施的施工应由具有相关工程施工资质的单位承担。

3.1.3 实行监理的建设工程项目，项目监理部应对该工程项目包含的无障碍设施编制监理实施细则。

3.1.4 施工单位应按审查合格的施工图设计文件和施工技术标准进行无障碍设施的施工。

3.1.5 单位工程的施工组织设计中应包括无障碍设施施工的内容。

3.1.6 无障碍设施施工现场应在质量管理体系中包含相关内容，制定相关的施工质量控制和检验制度。

3.1.7 无障碍设施施工应建立安全技术交底制度，并对作业人员进行相关的安全技术教育与培训。作业前，施工技术人员应向作业人员进行详尽的安全技术交底。

3.1.8 无障碍设施疏散通道及疏散指示标识、避难空间、具有声光报警功能的报警装置应符合国家现行消防工程施工及验收标准的有关规定。

3.1.9 无障碍设施使用的原材料、半成品及成品的质量标准，应符合设计文件要求及国家现行建筑材料检测标准的有关规定。室内无障碍设施使用的材料应符合国家现行环保标准的要求；并应具备产品合格证书、中文说明书和相关性能的检测报告。进场前应对其品种、规格、型号和外观进行验收。需要复检的，应按设计要求和国家现行有关标准的规定进行取样和检测。必要时应划分单独的检验批进行检验。

3.1.10 缘石坡道、盲道、轮椅坡道、无障碍出入口、无障碍通道、楼梯和台阶、无障碍停车位、轮椅席位等地面面层抗滑性能应符合标准、规范和设计要求。

3.1.11 无障碍设施施工及质量验收应符合下列规定：

　　1 无障碍设施的施工及质量验收应符合国家现行标准《城镇道路工程施工与质量验收规范》CJJ 1 和《建筑工程施工质量验收统一标准》GB 50300 的有关规定。

　　2 无障碍设施的施工及质量验收应按设计要求进行；当设计无要求时，应按国家现行工程质量验收标准的有关规定验收；当没有明确的国家现行验收标准要求时，应由设计单位、监理单位和施工单位按照确保无障碍设施的安全和使用功能的原则共同制定验收标准，并按验收标准进行验收。

3 无障碍设施的施工及质量验收应与单位工程的相关分部工程相对应,划分为分项工程和检验批。无障碍设施按本规范附录 A 进行分项工程划分并与相关分部工程对应。

4 无障碍设施的施工及质量验收应由监理工程师(建设单位项目技术负责人)组织无障碍设施施工单位项目质量负责人等进行。

5 无障碍设施涉及的隐蔽工程在隐蔽前应由施工单位通知监理单位进行验收,并按本规范附录 B 的格式记录,形成验收文件。

6 检验批的质量验收应按本规范附录 D 的格式记录。检验批质量验收合格应符合下列规定:

1)主控项目的质量应经抽样检验合格。

2)一般项目的质量应经抽样检验合格;当采用计数检验时,一般项目的合格点率应达到 80% 及以上,且不合格点的最大偏差不得大于本规范规定允许偏差的 1.5 倍。

3)具有完整的施工原始资料和质量检查记录。

7 分项工程的质量验收应按本规范附录 D 的格式记录,分项工程质量验收合格应符合下列规定:

1)分项工程所含检验批均应符合质量合格的规定。

2)分项工程所含检验批的质量验收记录应完整。

8 当无障碍设施施工质量不符合要求时,应按下列规定进行处理:

1)经返工或更换器具、设备的检验批,应重新进行验收。

2)经返修的分项工程,虽然改变外形尺寸但仍能满足安全使用要求,应按技术处理方案和协商文件进行验收。

3)因主体结构、分部工程原因造成的拆除重做或采取其他技术方案处理的,应重新进行验收或按技术方案验收。

9 无障碍通道的地面面层和盲道面层应坚实、平整、抗滑、无倒坡、不积水。其抗滑性能应由施工单位通知监理单位进行验收。面层的抗滑性能采用抗滑系数和抗滑摆值进行控制;抗滑系数和抗滑摆值的检测方法应符合本规范第 C.0.2 条和第 C.0.3 条的规定。验收记录应按本规范表 C.0.1 条的格式记录,形成验收文件。

10 无障碍设施地面基层的强度、厚度及构造做法应符合设计要求。其基层的质量验收,与相应地面基层的施工工序同时验收。基层验收合格后,方可进行面层的施工。

11 地面面层施工后应及时进行养护,达到设计要求后,方可正常使用。

3.1.12 安全抓杆预埋件应进行验收。

3.1.13 安全抓杆预埋件验收时,应由施工单位通知监理单位按本规范附录 B 的格式记录,形成验收文件。

3.1.14 通过返修或加固处理仍不能满足安全和使用要求的无障碍设施分项工程,不得验收。

3.1.15 未经验收或验收不合格的无障碍设施,不得使用。

3.2 缘石坡道

3.2.1 本节适用于整体面层和板块面层缘石坡道的施工验收。

Ⅰ 整体面层验收的主控项目

3.2.2 缘石坡道面层材料抗压强度应符合设计要求。

检验方法:查抗压强度试验报告。

3.2.3 缘石坡道坡度应符合设计要求。

检查数量:每 40 条查 5 点。

检验方法:用坡度尺量测检查。

3.2.4 缘石坡道宽度应符合设计要求。

检查数量:每 40 条查 5 点。

检验方法:用钢尺量测检查。

3.2.5 缘石坡道下口与缓冲地带地面的高差应符合设计要求。

检查数量:每 40 条查 5 点。

检验方法:用钢尺量测检查。

Ⅱ 整体面层验收的一般项目

3.2.6 混凝土面层表面应平整、无裂缝。

检查数量:每 40 条查 5 条。

检验方法:观察检查。

3.2.7 沥青混合料面层压实度应符合设计要求。

检查数量:每 50 条查 2 点。

检验方法:查试验记录(马歇尔击实试件密度,试验室标准密度)。

3.2.8 沥青混合料面层表面应平整、无裂缝、烂边、掉渣、推挤现象,接茬应平顺,烫边无枯焦现象。

检查数量:每 40 条查 5 条。

检验方法:观察检查。

3.2.9 整体面层的允许偏差应符合表 3.2.9 的规定。

表 3.2.9 整体面层允许偏差

项 目		允许偏差(mm)	检验频率		检验方法
			范围	点数	
平整度	水泥混凝土	3	每条	2	2m 靠尺和塞尺量取最大值
	沥青混凝土	3			
	其他沥青混合料	4			
厚度		±5	每 50 条	2	钢尺量测
井框与路面高差	水泥混凝土	3	每座	1	十字法,钢板尺和塞尺量取最大值
	沥青混凝土	5			

Ⅲ 板块面层验收的主控项目

3.2.10 板块面层所用的预制砌块、陶瓷类地砖、石板材和块石的品种、质量应符合设计要求。

检验方法:观察检查和检查材质合格证明文件及检验报告。

3.2.11 结合层、块料填缝材料的强度、厚度应符合设计要求。

检验方法:查验收记录、材质合格证明文件及抗压强度试验报告。

3.2.12 缘石坡道坡度应符合设计要求。

检查数量:每 40 条查 5 点。

检验方法:用坡度尺量测检查。

3.2.13 缘石坡道宽度应符合设计要求。

检查数量:每 40 条查 5 点。

检验方法:用钢尺量测检查。

3.2.14 缘石坡道下口与缓冲地带地面的高差应符合设计要求。

检查数量:每 40 条查 5 点。

检验方法:用钢尺量测检查。

3.2.15 缘石坡道面层与基层应结合牢固、无空鼓。

检验方法:用小锤轻击检查。

注:凡单块砖边角有局部空鼓,且每检验批不超过总数 5% 可不计。

Ⅳ 板块面层验收的一般项目

3.2.16 地砖、石板材外观不应有裂缝、掉角、缺楞和翘曲等缺陷,表面应洁净、图案清晰、色泽一致,周边顺直。

检验方法:观察检查。

3.2.17 块石面层应组砌合理,无十字缝;当设计未有要求时,块石面层石料缝隙应相互错开,通缝不超过两块石料。

检验方法:观察检查。

3.2.18 板块面层的允许偏差应符合设计规范的要求和表3.2.18的规定。

表3.2.18 板块面层允许偏差

项　目	允许偏差(mm)				检验频率		检验方法
	预制砌块	陶瓷类地砖	石板材	块石	范围	点数	
平整度	5	2	1	3	每条	2	2m靠尺和塞尺量取最大值
相邻块高差	3	0.5	0.5	2	每条	2	钢板尺和塞尺量取最大值
井框与路面高差	3		3		每座	1	十字法,钢板尺和塞尺量取最大值

3.3 盲　道

3.3.1 本节适用于预制盲道砖(板)盲道和其他型材盲道的施工验收。

3.3.2 盲道在施工前应对设计图纸进行会审,根据现场情况,与其他设计工种协调,不宜出现为避让树木、电线杆、拉线等障碍物而使行进盲道多处转折的现象。

3.3.3 当利用检查井盖上设置的触感条作为行进盲道的一部分时,应衔接顺直、平整。

3.3.4 盲道铺砌和镶贴时,行进盲道砌块与提示盲道砌块不得替代使用或混用。

Ⅰ 预制盲道砖(板)盲道验收的主控项目

3.3.5 预制盲道砖(板)的规格、颜色、强度应符合设计要求。行进盲道触感条和提示盲道触感圆点凸面高度、形状和中心距允许偏差应符合表3.3.5-1、表3.3.5-2的规定。

表3.3.5-1 行进盲道触感条凸面高度、形状和中心距允许偏差

部　位	规　定　值(mm)	允许偏差(mm)
面宽	25	±1
底宽	35	±1
凸面高度	4	+1
中心距	62~75	±1

表3.3.5-2 提示盲道触感圆点凸面高度、形状和中心距允许偏差

部　位	规　定　值(mm)	允许偏差(mm)
表面直径	25	±1
底面直径	35	±1
凸面高度	4	+1
圆点中心距	50	±1

检查数量:同一规格、同一颜色、同一强度的预制盲道砖(板)材料,应以100㎡为一验收批;不足100㎡按一验收批计,每验收批取5块试件进行检查。

检验方法:查材质合格证明文件、出厂检验报告、用钢尺量测检查。

3.3.6 结合层、盲道砖(板)填缝材料的强度、厚度应符合设计要求。

检验方法:查验收记录、材质合格证明文件及抗压强度试验

报告。

3.3.7 盲道的宽度,提示盲道和行进盲道设置的部位、走向应符合设计要求。

检查数量:全数检查。

检验方法:观察和用钢尺量测检查。

3.3.8 盲道与障碍物的距离应符合设计要求。

检查数量:全数检查。

检验方法:用钢尺量测检查。

Ⅱ 预制盲道砖(板)盲道验收的一般项目

3.3.9 人行道范围内各类管线、树池及检查井等构筑物,应在人行道面层施工前全部完成。外露的井盖高程应调整至设计高程。

检查数量:全数检查。

检验方法:用水准仪、靠尺量测检查。

3.3.10 盲道砖(板)的铺砌和镶贴应牢固、表面平整、缝线顺直、缝宽均匀、灌缝饱满、无翘边、翘角,不积水。其触感条和触感圆点的凸面应高出相邻地面。

检查数量:全数检查。

检验方法:观察检查。

3.3.11 预制盲道砖(板)外观允许偏差应符合表3.3.11的规定。

表3.3.11 预制盲道砖(板)外观允许偏差

项　目	允许偏差(mm)	检查频率		检验方法
		范围(m)	块数	
边长	2			钢尺量测
对角线长度	3	500	20	钢尺量测
裂缝、表面起皮	不允许出现			观察

3.3.12 预制盲道砖(板)面层允许偏差应符合表3.3.12的规定。

表3.3.12 预制盲道砖(板)面层允许偏差

项目名称	允许偏差(mm)			检查频率		检验方法
	预制盲道块	石材类盲道板	陶瓷类盲道板	范围(m)	点数	
平整度	3	1	2	20	1	2m靠尺和塞尺量取最大值
相邻块高差	3	0.5	0.5	20	1	钢板尺和塞尺量测
接缝宽度	+3;-2	1	2	50	1	钢尺量测
纵缝顺直	5			50	1	拉20m线钢尺量测
横缝顺直	2	2	1	50	1	拉5m线钢尺量测

Ⅲ 橡塑类盲道验收的主控项目

3.3.13 橡塑类盲道应由基层、粘结层和盲道板三部分组成。基层材料宜由混凝土(水泥砂浆)、天然石材、钢质或木质等材料组成。

3.3.14 采用橡胶地板材料制成的盲道板的性能指标应符合现行行业标准《橡塑铺地材料 第1部分 橡胶地板》HG/T 3747.1的有关规定。

检验方法:查材质合格证明文件、出厂检验报告。

3.3.15 采用橡胶地砖材料制成的盲道板的性能指标应符合现行行业标准《橡塑铺地材料 第2部分 橡胶地砖》HG/T 3747.2的有关规定。

检验方法:查材质合格证明文件、出厂检验报告。

3.3.16 聚氯乙烯盲道型材的性能指标应符合现行行业标准《橡塑铺地材料 第3部分 阻燃聚氯乙烯地板》HG/T 3747.3的有关规定。

检验方法:查材质合格证明文件、出厂检验报告。

3.3.17 橡塑类盲道板的厚度应符合设计要求。其最小厚度不应小于30mm,最大厚度不应大于50mm。厚度的允许偏差应为±0.2mm。触感条和触感圆点凸面高度、形状应符合本规范

表3.3.5-1、表3.3.5-2的规定。

检验方法:查出厂检验报告、用游标卡尺量测。

3.3.18 粘合剂的品种、强度、厚度应符合设计和相关规范要求。面层与基层应粘结牢固、不空鼓。

检验方法:查材质合格证明文件、出厂检验报告,小锤轻击检查。

3.3.19 橡塑类盲道的宽度,提示盲道和行进盲道设置的部位、走向应符合设计要求。

检查数量:全数检查。

检验方法:观察检查和用钢尺量测检查。

3.3.20 橡塑类盲道与障碍物的距离应符合设计要求。

检查数量:全数检查。

检验方法:钢尺量测检查。

Ⅳ 橡塑类盲道验收的一般项目

3.3.21 橡塑类盲道板的尺寸应符合设计要求。其允许偏差应符合表3.3.21的规定。

表3.3.21 橡塑类盲道板尺寸允许偏差

规格	长度	宽度	厚度(mm)	耐磨层厚度(mm)
块材	±0.15%	±0.15%	±0.20	±0.15
卷材	不低于名义值	不低于名义值	±0.20	±0.15

3.3.22 橡塑类盲道板外观不应有污染、翘边、缺角及断裂等缺陷。

检验方法:观察检查。

3.3.23 橡胶地板材料和橡胶地砖材料制成的盲道板的外观质量应符合表3.3.23的规定。

检验方法:观察检查。

表3.3.23 橡胶地板材料和橡胶地砖材料制成的盲道板外观质量

缺陷名称	外观质量要求
表面污染、杂质、缺口、裂纹	不允许
表面缺胶	块材:面积小于5mm²,深度小于0.2mm的缺胶不得超过3处; 卷材:每平方米面积小于5mm²,深度小于0.2mm的缺胶不得超过3处
表面气泡	块材:面积小于5mm²的气泡不得超过2处; 卷材:面积小于5mm²的气泡,每平方米不得超过2处
色差	单块、单卷不允许有;批次间不允许有明显色差

3.3.24 聚氯乙烯盲道型材的外观质量应符合表3.3.24的规定。

检验方法:观察检查。

表3.3.24 聚氯乙烯盲道型材外观质量

缺陷名称	外观质量要求
气泡、海绵状	表面不允许
褶皱、水纹、疤痕及凹凸不平	不允许
表面污染、杂质	聚氯乙烯块材:不允许; 聚氯乙烯卷材:面积小于5mm²,深度小于0.15mm的缺陷,每平方米不得超过3处
色差、表面撒花密度不均	单块不允许有;批次间不允许有明显色差

Ⅴ 不锈钢盲道验收的主控项目

3.3.25 不锈钢盲道应由基层、粘结层和盲道型材三部分组成。基层宜分为混凝土(水泥砂浆)、天然石材、钢质和木质的建筑完成面。

3.3.26 不锈钢盲道型材的物理力学性能应符合不锈钢06Cr19Ni10的性能要求。

3.3.27 不锈钢盲道型材的厚度应符合设计要求。厚度的允许偏差应为±0.2mm。触感条和触感圆点凸面高度、形状应符合本规范表3.3.5-1、表3.3.5-2的规定。

检验方法:查出厂检验报告、用游标卡尺量测。

3.3.28 粘合剂的品种、强度、厚度应符合设计要求。面层与基层应粘结牢固、不空鼓。

检验方法:查材质合格证明文件、出厂检验报告,用小锤轻击检查。

3.3.29 不锈钢盲道设置的宽度,提示盲道和行进盲道设置的部位、走向应符合设计要求。

检查数量:全数检查。

检验方法:观察检查和用钢尺量测检查。

3.3.30 不锈钢盲道与障碍物的距离应符合设计要求。

检查数量:全数检查。

检验方法:用钢尺量测检查。

Ⅵ 不锈钢盲道验收的一般项目

3.3.31 不锈钢盲道型材的尺寸应符合设计要求。

3.3.32 不锈钢盲道面层外观不应有污染、翘边、缺角及断裂等缺陷。

检验方法:观察检查。

3.3.33 不锈钢盲道型材的外观质量应符合表3.3.33的规定。

检验方法:观察检查。

表3.3.33 不锈钢盲道型材外观质量

缺陷名称	外观质量要求
表面污染、杂质、缺口、裂纹	不允许
表面凹坑	面积小于5mm²的凹坑每平方米不得超过2处

3.4 轮椅坡道

3.4.1 本节适用于整体面层和板块面层轮椅坡道的施工验收。

3.4.2 设置轮椅坡道处应避开雨水井和排水沟。当需要设置雨水井和排水沟时,雨水井和排水沟的雨水箅网眼尺寸应符合设计和相关规范要求,且不应大于15mm。

3.4.3 轮椅坡道铺面的变形缝应按设计和相关规范要求设置,并应符合下列规定:

1 轮椅坡道的变形缝,应与结构缝相应的位置一致,且应贯通轮椅坡道面的构造层。

2 变形缝的构造做法应符合设计和相关规范要求。缝内应清理干净,以柔性密封材料填嵌后用板封盖。变形缝封盖板应与面层齐平。

3.4.4 轮椅坡道顶端轮椅通行平台与地面的高差不应大于10mm,并应以斜面过渡。

3.4.5 轮椅坡道临空侧面的安全挡台高度、不同位置的坡道坡度和宽度及不同坡度的高度和水平长度应符合设计要求。

3.4.6 轮椅坡道扶手的施工应符合本规范第3.9节的有关规定。

Ⅰ 主控项目

3.4.7 面层材料应符合设计要求。

检验方法:查材质合格证明文件、出厂检验报告。

3.4.8 板块面层与基层应结合牢固、无空鼓。

检验方法:用小锤轻击检查。

3.4.9 坡度应符合设计要求。

检查数量:全数检查。

检验方法:用坡度尺量测检查。

3.4.10 宽度应符合设计要求。

检查数量:全数检查。

检验方法:用钢尺量测检查。

3.4.11 轮椅坡道下口与缓冲地带地面或休息平台的高差应符合设计要求。

检查数量:全数检查。

检验方法:用钢尺量测检查。

3.4.12 安全挡台高度应符合设计要求。

检查数量:全数检查。

检验方法:用钢尺量测检查。

3.4.13 轮椅坡道起点、终点缓冲地带和中间休息平台的长度应符合设计要求。

检查数量:全数检查。

检验方法:用钢尺量测检查。

3.4.14 雨水井和排水沟的雨水箅网眼尺寸应符合设计要求。

检查数量:全数检查。

检验方法:用钢尺量测检查。

Ⅱ 一般项目

3.4.15 轮椅坡道外观不应有裂纹、麻面等缺陷。

检验方法:观察检查。

3.4.16 轮椅坡道地面面层允许偏差符合本规范表3.5.15的规定。轮椅坡道整体面层允许偏差应符合本规范表3.2.9的规定。轮椅坡道板块面层允许偏差应符合本规范表3.2.18的规定。

3.5 无障碍通道

3.5.1 本节适用于整体面层和板块面层无障碍通道的施工及质量验收。

3.5.2 无障碍通道内盲道的施工应符合本规范第3.3节的有关规定。

3.5.3 无障碍通道内扶手的施工应符合本规范第3.9节的有关规定。

Ⅰ 主控项目

3.5.4 无障碍通道地面面层材料应符合设计要求。

检验方法:查材质合格证明文件、出厂检验报告。

3.5.5 无障碍通道地面面层与基层应结合牢固、无空鼓。

检验方法:用小锤轻击检查。

3.5.6 无障碍通道的宽度应符合设计要求,无障碍物。

检验方法:观察和用钢尺量测检查。

3.5.7 从墙面伸入无障碍通道凸出物的尺寸和高度应符合设计要求。园林道路的树木凸入无障碍通道内的高度应符合现行行业标准《公园设计规范》CJJ 48—92第6.2.7条的规定。

检查数量:全数检查。

检验方法:观察和用钢尺量测检查。

3.5.8 无障碍通道内雨水井和排水沟的雨水箅网眼尺寸应符合设计要求,且不应大于15mm。

检查数量:全数检查。

检验方法:用钢尺量测检查。

3.5.9 门扇向无障碍通道内开启时设置的凹室尺寸应符合设计要求。

检查数量:全数检查。

检验方法:用钢尺量测检查。

3.5.10 无障碍通道一侧或尽端与其他地坪有高差时,设置的栏杆或栏板等安全设施应符合设计要求。

检查数量:全数检查。

检验方法:观察和用钢尺量测检查。

3.5.11 无障碍通道内的光照度应符合设计要求。

检查数量:全数检查。

检验方法:查检测报告。

Ⅱ 一般项目

3.5.12 无障碍通道内的雨水箅应安装平整。

检验方法:用钢板尺和塞尺量测检查。

3.5.13 无障碍通道的护壁板的高度应符合设计要求。

检查数量:每条通道和走道2点。

检验方法:用钢尺量测检查。

3.5.14 无障碍通道转角处墙体的倒角或圆弧尺寸应符合设计要求。

检查数量:每条通道和走道2点。

检验方法:用钢尺量测检查。

3.5.15 无障碍通道地面面层允许偏差应符合表3.5.15的规定。坡道整体面层允许偏差应符合本规范表3.2.9的规定。坡道板块面层允许偏差应符合本规范表3.2.18的规定。

表3.5.15 无障碍通道地面面层允许偏差

项　　目		允许偏差(mm)	检验频率		检验方法
			范围	点数	
平整度	水泥砂浆	2	每条	2	2m靠尺和塞尺量取最大值
	细石混凝土、橡胶弹性面层	3			
	沥青混合料	4			
	水泥花砖	2			
	陶瓷类地砖	2			
	石板材	1			
整体面层厚度		±5	每条	2	钢尺量测或现场钻孔
相邻块高差		0.5	每条	2	钢板尺和塞尺量取最大值

3.5.16 无障碍通道的雨水箅和护墙板允许偏差应符合表3.5.16的规定。

表3.5.16 雨水箅和护墙板允许偏差

项　　目	允许偏差(mm)	检验频率		检验方法
		范围	点数	
地面与雨水箅高差	−3;0	每条	2	钢板尺和塞尺量取最大值
护墙板高度	+3;0	每条	2	钢尺量测

3.6 无障碍停车位

3.6.1 本节适用于室外停车场、建筑物室内停车场中无障碍停车位的施工验收。

3.6.2 通往无障碍停车位的轮椅坡道和无障碍通道应分别符合本规范第3.4节和第3.5节的规定。

3.6.3 无障碍停车位的停车线、轮椅通道线的标划应符合现行国家标准《道路交通标志和标线》GB 5768的有关规定。

Ⅰ 主控项目

3.6.4 无障碍停车位设置的位置和数量应符合设计要求。

检验方法:观察检查。

3.6.5 无障碍停车位一侧的轮椅通道宽度应符合设计要求。

检查数量:全数检查。

检验方法:用钢尺量测检查。

3.6.6 无障碍停车位的地面漆画的停车线、轮椅通道线和无障碍标志应符合设计要求。

检查数量:全数检查。

检验方法:观察检查。

Ⅱ 一般项目

3.6.7 无障碍停车位地面面层允许偏差应符合本规范表3.5.15的规定。坡道整体面层允许偏差应符合本规范表3.2.9的规定。坡道板块面层允许偏差应符合本规范表3.2.18的规定。

3.6.8 无障碍停车位地面的坡度应符合设计要求。

检验方法:观察和用坡度尺量测检查。

3.6.9 无障碍停车位地面坡度允许偏差应符合表3.6.9的规定。

表3.6.9 无障碍停车位地面坡度允许偏差

项目	允许偏差	检验频率		检验方法
		范围	点数	
坡度	±0.3%	每条	2	坡度尺量测

3.7 无障碍出入口

3.7.1 本节适用于无障碍出入口的施工验收。

3.7.2 无障碍出入口处设置的提示闪烁灯应符合设计要求。

3.7.3 无障碍出入口处的盲道施工应符合本规范第3.3节的有关规定。

3.7.4 无障碍出入口处的坡道施工应符合本规范第3.4节的有

3.7.5 无障碍出入口处的扶手施工应符合本规范第3.9节的有关规定。

3.7.6 采用无台阶的无障碍出入口室外地面的坡度应符合设计要求。

　　检查数量:全数检查。

　　检验方法:用坡度尺量测检查。

3.7.7 无障碍出入口平台的宽度、平台上方设置的雨篷应符合设计要求。

　　检查数量:全数检查。

　　检验方法:用钢尺量测检查。

3.7.8 无障碍出入口门厅、过厅设两道门时,门扇同时开启的距离应符合设计要求。

　　检查数量:全数检查。

　　检验方法:用钢尺量测检查。

3.7.9 无障碍出入口处的雨水箅网眼尺寸应符合设计要求,且不应大于15mm。

　　检查数量:全数检查。

　　检验方法:用钢尺量测检查。

3.7.10 无障碍出入口处地面面层允许偏差应符合本规范表3.5.15的规定。坡道整体面层允许偏差应符合本规范表3.2.9的规定。坡道板块面层允许偏差应符合本规范表3.2.18的规定。

3.8 低位服务设施

3.8.1 本节适用于无障碍低位服务设施,包括问询台、服务台、售票窗口、电话台、安检验证台、行李托运台、借阅台、各种业务台、饮水机等的施工验收。

3.8.2 通往低位服务设施的坡道和无障碍通道应符合本规范第3.4节和第3.5节的规定。

3.8.3 低位服务设施设置的部位和数量应符合设计要求。

　　检查数量:全数检查。

　　检验方法:观察检查。

3.8.4 低位服务设施的高度、宽度、深度、电话台和饮水口的高度应符合设计要求。

　　检查数量:全数检查。

　　检验方法:观察和用钢尺量测检查。

3.8.5 低位服务设施下方的净空尺寸应符合设计要求。

　　检查数量:全数检查。

　　检验方法:用钢尺量测检查。

3.8.6 低位服务设施前的轮椅回转空间尺寸应符合设计要求。

　　检查数量:全数检查。

　　检验方法:用钢尺量测检查。

3.8.7 低位服务设施处的开关的选型应符合设计要求。

　　检查数量:全数检查。

　　检验方法:查产品合格证明文件。

3.8.8 低位服务设施处地面面层允许偏差应符合本规范表3.5.15的规定。坡道整体面层允许偏差应符合本规范表3.2.9的规定。坡道板块面层允许偏差应符合本规范表3.2.18的规定。

3.9 扶 手

3.9.1 本节适用于人行天桥、人行地道、无障碍通道、无障碍停车位、轮椅坡道、楼梯和台阶的扶手;无障碍电梯和升降平台的扶手;轮椅席位处的扶手的施工验收。

3.9.2 扶手所使用材料的材质、扶手的截面形状、尺寸应符合设计要求。

　　检验方法:查产品合格证明文件、出厂检验报告和用钢尺量测检查。

3.9.3 扶手的立柱和托架与主体结构的连接应经隐蔽工程验收合格后,方可进行下道工序的施工。扶手的强度及扶手立柱和托架与主体的连接强度应符合设计要求。

　　检验方法:查隐蔽工程验收记录和用手扳检查;必要时可进行拉拔试验。

3.9.4 扶手设置的部位、安装高度、其内侧与墙面的距离应符合设计要求。

　　检查数量:全数检查。

　　检验方法:观察和用钢尺量测检查。

3.9.5 扶手的连贯情况、起点和终点的延伸方向和长度应符合设计要求。

　　检查数量:全数检查。

　　检验方法:观察和用钢尺量测检查。

3.9.6 对有安装盲文铭牌要求的扶手,盲文铭牌的数量和安装位置应符合设计要求。

　　检查数量:全数检查。

　　检验方法:观察检查。

3.9.7 扶手转角弧度应符合设计要求,接缝应严密,表面应光滑,色泽应一致,不得有裂缝、翘曲及损坏。

　　检验方法:观察检查。

3.9.8 钢构件扶手表面应做防腐处理,其连接处的焊缝应锉平磨光。

　　检验方法:观察和手摸检查。

3.9.9 扶手允许偏差应符合表3.9.9的规定。

表3.9.9　扶手允许偏差

项　　目	允许偏差 (mm)	检验频率		检验方法
		范围	点数	
立柱和托架间距	3	每条	2	钢尺量测
立柱垂直度	3	每条	2	1m垂直检测尺量测
扶手直线度	4	每条	1	拉5m线、钢尺量测

3.10 门

3.10.1 本节适用于公共建筑、无障碍厕所和无障碍厕位、无障碍客房和无障碍住房以及家庭无障碍改造中涉及残疾人、老年人等社会特殊群体通行的门的施工验收。

3.10.2 采用玻璃门时,其形式和玻璃的种类应符合设计和规范要求。

3.10.3 门与相邻墙壁的亮度对比应符合设计和规范要求。

3.10.4 门的选型、材质、平开门的开启方向应符合设计要求。

　　检查数量:全数检查。

　　检验方法:查产品合格证明文件,观察检查。

3.10.5 门开启后的净宽应符合设计要求。

　　检查数量:全数检查。

　　检验方法:用钢尺量测检查。

3.10.6 推拉门、平开门把手一侧的墙面宽度应符合设计要求。

　　检查数量:全数检查。

　　检验方法:用钢尺量测检查。

3.10.7 门扇上安装的把手、关门拉手和闭门器应符合设计要求。

　　检查数量:全数检查。

　　检验方法:查产品合格证明文件、手扳检查、开闭测试。

3.10.8 平开门门扇上观察窗的尺寸和安装高度应符合设计要求。

检查数量：全数检查。

检验方法：观察和用钢尺量测检查。

3.10.9 门内外的高差及斜面的处理应符合设计要求。

检查数量：全数检查。

检验方法：观察和用钢尺量测检查。

Ⅱ 一般项目

3.10.10 门表面应洁净、平整、光滑、色泽一致。

检查数量：每10樘抽查2樘。

3.10.11 门允许偏差应符合表3.10.11的规定。

表3.10.11 门允许偏差表

项 目		允许偏差 (mm)	检验频率		检验方法
			范围	点数	
门框正、侧面垂直度	木门	普通	2	每10樘	2	钢尺量测
		高级	1			
	钢门		3			
	铝合金门		2.5			
门横框水平度			3	每10樘	2	水平尺和塞尺量测
平开门护门板高度			+3;0	每10樘	2	钢尺量测

3.11 无障碍电梯和升降平台

3.11.1 本节适用于无障碍电梯、自动扶梯、升降平台安装工程的施工验收。

3.11.2 通往无障碍电梯和升降平台的盲道、轮椅坡道、无障碍通道、楼梯和台阶应分别符合本规范第3.3节、第3.4节、第3.5节、第3.12节的规定。

3.11.3 无障碍电梯轿厢内和升降平台的扶手应符合本规范第3.9节的规定。

Ⅰ 主控项目

3.11.4 无障碍电梯和升降平台的类型、设置的位置和数量应符合设计要求。

检查数量：全数检查。

检验方法：观察检查，查产品合格证明文件。

3.11.5 候梯厅宽度应符合设计要求。

检查数量：全数检查。

检验方法：用钢尺量测检查。

3.11.6 专用选层按钮选型、按钮高度应符合设计要求。

检查数量：全数检查。

检验方法：观察和用钢尺量测检查。

3.11.7 无障碍电梯门洞净宽度应符合设计要求。

检查数量：全数检查。

检验方法：用钢尺量测检查。

3.11.8 无障碍电梯轿厢内的楼层显示装置和音响报层装置应符合设计要求。

检查数量：全数检查。

检验方法：现场测试。

3.11.9 轿厢的规格及轿厢门开启后的净宽度应符合设计要求。

检查数量：全数检查。

检验方法：查产品合格证明文件，用钢尺量测检查。

3.11.10 门扇关闭的光幕感应和门开闭的时间间隔应符合设计要求。

检查数量：全数检查。

检验方法：现场测试。

3.11.11 镜子或不锈钢镜面的安装应符合设计要求。

检查数量：全数检查。

检验方法：观察和用钢尺量测检查。

3.11.12 升降平台的净宽和净深、挡板的设置应符合设计要求。

检查数量：全数检查。

检验方法：查产品合格证明文件，用钢尺量测检查。

3.11.13 升降平台的呼叫和控制按钮的高度应符合设计要求。

检查数量：全数检查。

检验方法：用钢尺量测检查。

Ⅱ 一般项目

3.11.14 护壁板安装位置和高度应符合设计要求，护壁板高度允许偏差应符合表3.11.14的规定。

表3.11.14 护壁板高度允许偏差

项目	允许偏差 (mm)	检验频率		检验方法
		范围	点数	
护壁板高度	+3;0	每个轿厢	3	钢尺量测

3.12 楼梯和台阶

3.12.1 本节适用于整体面层和板块面层的楼梯和台阶的施工验收。

3.12.2 台阶应避开雨水井和排水沟。当需要设置雨水井和排水沟时，雨水井和排水沟的雨水箅网眼尺寸不应大于15mm。

3.12.3 楼梯和台阶面层的变形缝应按设计要求设置，并应符合下列规定：

1 面层的变形缝，应与结构相应缝的位置一致，且应贯通面层的构造层。

2 变形缝的构造做法应符合设计和相关规范要求。缝内应清理干净，以柔性密封材料填嵌后用板封盖。变形缝封盖板应与面层平齐。

3.12.4 楼梯和台阶上盲道的施工应符合本规范第3.3节的有关规定。

3.12.5 楼梯和台阶上扶手的施工应符合本规范第3.9节的有关规定。

Ⅰ 主控项目

3.12.6 楼梯和台阶面层材料应符合设计要求。

检验方法：查材质合格证明文件、出厂检验报告。

3.12.7 楼梯和台阶面层与基层结合牢固、无空鼓。

检验方法：用小锤轻击检查。

3.12.8 楼梯的净空高度、楼梯和台阶的宽度应符合设计要求。

检查数量：全数检查。

检验方法：用钢尺量测检查。

3.12.9 踏步的宽度和高度应符合设计要求，其允许偏差应符合表3.12.9的规定。

表3.12.9 踏步宽度和高度允许偏差

项目	允许偏差 (mm)	检验频率		检验方法
		范围	点数	
踏步高度	-3;0	每梯段	2	钢尺量测
踏步宽度	+2;0	每梯段	2	钢尺量测

3.12.10 安全挡台高度应符合设计要求。

检查数量：全数检查。

检验方法：用钢尺量测检查。

3.12.11 踢面应完整。踏面凸缘的形状和尺寸、踢面和踏面颜色应符合设计要求。

检查数量：全数检查。

检验方法：观察和用钢尺量测检查。

3.12.12 雨水井和排水沟的雨水箅网眼尺寸应符合设计要求，且不应大于15mm。

检查数量：全数检查。

检验方法：观察和钢尺量测检查。

Ⅱ 一般项目

3.12.13 面层外观不应有裂纹、麻面等缺陷。

检验方法：观察检查。

3.12.14 踏面面层应表面平整,板块面层应无翘边、翘角现象。面层质量允许偏差应符合表3.12.14的规定。

表3.12.14　面层质量允许偏差

项　目		允许偏差 (mm)	检验频率		检验方法
			范围	点数	
平整度	水泥砂浆、水磨石	2	每梯段	2	2m靠尺和塞尺量取最大值
	细石混凝土、橡胶弹性面层	3			
	水泥花砖	3			
	陶瓷类地砖	2			
	石板材	1			
相邻块高差		0.5	每梯段	2	钢板尺和塞尺量取最大值

3.13　轮椅席位

3.13.1 本节适用于公共建筑和居住区中轮椅席位的施工验收。

3.13.2 通往轮椅席位的轮椅坡道和无障碍通道应分别符合本规范第3.4节和第3.5节的规定。

Ⅰ　主 控 项 目

3.13.3 轮椅席位设置的部位和数量应符合设计要求。

检查数量:全数检查。

检验方法:观察检查。

3.13.4 轮椅席位的面积应符合设计要求,且不应小于1.10m×0.8m。

检查数量:全数检查。

检验方法:用钢尺量测检查。

3.13.5 轮椅席位边缘处安装的栏杆或栏板应符合设计要求。

检查数量:全数检查。

检验方法:观察和用钢尺量测检查。

3.13.6 轮椅席位地面涂画的范围线和无障碍标志应符合设计要求。

检查数量:全数检查。

检验方法:观察检查。

Ⅱ　一 般 项 目

3.13.7 陪同者席位的设置应符合设计要求。

检验方法:观察检查。

3.13.8 轮椅席位地面面层允许偏差应符合本规范表3.5.15的规定。

3.14　无障碍厕所和无障碍厕位

3.14.1 本节适用于无障碍厕所、公共厕所内无障碍厕位的施工验收。

3.14.2 通往无障碍厕所和无障碍厕位的轮椅坡道和无障碍通道应分别符合本规范第3.4节和第3.5节的规定。

3.14.3 无障碍厕所和无障碍厕位的门应符合本规范第3.10节的规定。

Ⅰ　主 控 项 目

3.14.4 无障碍厕所和无障碍厕位的面积和平面尺寸应符合设计要求。

检查数量:全数检查。

检验方法:观察和用钢尺量测检查。

3.14.5 无障碍厕位设置的位置和数量应符合设计要求。

检查数量:全数检查。

检验方法:观察检查。

3.14.6 坐便器、小便器、低位小便器、洗手盆、镜子等卫生洁具和配件选用型号、安装高度应符合设计要求。

检查数量:全数检查。

检验方法:查产品合格证明文件和用钢尺量测检查。

3.14.7 安全抓杆选用的材质、形状、截面尺寸、安装位置应符合设计要求。

检查数量:全数检查。

检验方法:查产品合格证明文件,观察和用钢尺量测检查。

3.14.8 厕所和厕位的安全抓杆应安装牢固,支撑力应符合设计要求。

检查数量:全数检查。

检验方法:查产品合格证明文件、隐蔽验收记录、支撑力测试报告。

3.14.9 供轮椅乘用者使用的无障碍厕所和无障碍厕位内轮椅的回转空间应符合设计要求。

检查数量:全数检查。

检验方法:用钢尺量测检查。

3.14.10 求助呼叫按钮的安装部位和高度应符合设计要求。报警信息传输、显示可靠。

检查数量:全数检查。

检验方法:查产品合格证明文件,观察和用钢尺量测检查,现场测试。

3.14.11 洗手盆设置的高度及下方的净空尺寸应符合设计要求。

检查数量:全数检查。

检验方法:用钢尺量测检查。

Ⅱ　一 般 项 目

3.14.12 放物台的材质、平面尺寸、高度应符合设计要求。

检验方法:查产品合格证明文件,用钢尺量测检查。

3.14.13 挂衣钩安装的部位和高度应符合设计要求。挂衣钩的安装应牢固,强度满足悬挂重物的要求。

检验方法:观察和用钢尺量测检查,手扳检查。

3.14.14 安全抓杆安装应横平竖直,转角弧度应符合设计要求,接缝应严密满焊、表面应光滑,色泽应一致,不得有裂缝、翘曲及损坏。

检验方法:观察和手摸检查。

3.14.15 照明开关的选型和安装的高度应符合设计要求。

检查数量:全数检查。

检验方法:查产品合格证明文件,用钢尺量测检查。

3.14.16 灯具的型号和照度应符合设计要求。

检查数量:全数检查。

检验方法:查产品合格证明文件、照度检测报告。

3.14.17 无障碍厕所和无障碍厕位地面面层允许偏差应符合本规范表3.5.15的规定。

3.14.18 放物台、挂衣钩和安全抓杆允许偏差应符合表3.14.18的规定。

表3.14.18　放物台、挂衣钩和安全抓杆允许偏差

项　目		允许偏差 (mm)	检验频率		检验方法
			范围	点数	
放物台	平面尺寸	±10	每个	2	钢尺量测
	高度	−10;0			
挂衣钩高度		−10;0	每座厕所	2	钢尺量测
安全抓杆的垂直度		2	每4个	2	垂直检测尺量测
安全抓杆的水平度		3	每4个	2	水平尺量测

3.15　无障碍浴室

3.15.1 本节适用于公共浴室内无障碍盆浴间和无障碍淋浴间的施工验收。

3.15.2 通往无障碍浴室的轮椅坡道和无障碍通道应分别符合本规范第3.4节和第3.5节的规定。

3.15.3 无障碍浴室的门应符合本规范第3.10节的规定。

Ⅰ　主 控 项 目

3.15.4 无障碍盆浴间和无障碍淋浴间的面积和平面尺寸应符合

设计的要求。

　　检查数量：全数检查。

　　检验方法：用钢尺量测检查。

3.15.5 无障碍浴室内轮椅的回转空间应符合设计要求。

　　检查数量：全数检查。

　　检验方法：用钢尺量测检查。

3.15.6 无障碍淋浴间的座椅和安全抓杆配置、安装高度和深度应符合设计要求。

　　检查数量：全数检查。

　　检验方法：查产品合格证明文件，用钢尺量测检查。

3.15.7 无障碍盆浴间的浴盆、洗浴坐台和安全抓杆的配置、安装高度和深度应符合设计要求。

　　检查数量：全数检查。

　　检验方法：查产品合格证明文件，用钢尺量测检查。

3.15.8 浴室的安全抓杆应安装坚固，支撑力应符合设计要求。

　　检查数量：全数检查。

　　检验方法：查产品合格证明文件、隐蔽验收记录、支撑力测试报告。

3.15.9 求助呼叫按钮的安装部位和高度应符合设计要求。报警信息传输、显示可靠。

　　检查数量：全数检查。

　　检验方法：查产品合格证明文件，用钢尺量测检查，现场测试。

3.15.10 更衣台、洗手盆和镜子安装的高度、深度；洗手盆下方的净空尺寸应符合设计要求。

　　检查数量：全数检查。

　　检验方法：用钢尺量测检查。

Ⅱ 一般项目

3.15.11 浴帘、毛巾架和淋浴器喷头的安装高度符合设计要求。

　　检验方法：用钢尺量测检查。

3.15.12 安全抓杆安装应横平竖直，转角弧度应符合设计要求，接缝应严密满焊、表面应光滑、色泽应一致，不得有裂缝、翘曲及损坏。

　　检验方法：观察和手摸检查。

3.15.13 照明开关的选型和安装的高度应符合设计要求。

　　检查数量：全数检查。

　　检验方法：查产品合格证明文件，用钢尺量测检查。

3.15.14 灯具的型号和照度应符合设计要求。

　　检查数量：全数检查。

　　检验方法：查产品合格证明文件，照度检测报告。

3.15.15 无障碍盆浴间和无障碍淋浴间地面允许偏差应符合本规范表3.5.15的规定。

3.15.16 浴帘、毛巾架、淋浴器喷头、更衣台、挂衣钩和安全抓杆允许偏差应符合表3.15.16的规定。

表3.15.16　浴帘、毛巾架、淋浴器喷头、更衣台、挂衣钩和安全抓杆允许偏差

项　目		允许偏差(mm)	检验频率		检验方法
			范围	点数	
浴帘、毛巾架、挂衣钩高度		−10；0	每个	1	钢尺量测
淋浴器喷头高度		−15；0	每个	1	钢尺量测
更衣台、洗手盆	平面尺寸	±10	每个	2	钢尺量测
	高度	−10；0			
安全抓杆的垂直度		2	每4个	2	垂直检测尺量测
安全抓杆的水平度		3	每4个	2	水平尺量测

3.16　无障碍住房和无障碍客房

3.16.1 本节适用于无障碍住房和公共建筑的无障碍客房的施工验收。

3.16.2 无障碍住房的吊柜、壁柜、厨房操作台安装预埋件或后置预埋件的数量、规格、位置应符合设计和相关规范要求。必须经隐蔽工程验收合格后，方可进行下道工序的施工。

3.16.3 通往无障碍住房和无障碍客房的轮椅坡道、无障碍通道、无障碍电梯和升降平台、楼梯和台阶应分别符合本规范第3.4节、第3.5节、第3.11节、第3.12节的规定。

3.16.4 无障碍住房和无障碍客房的门应符合本规范第3.10节的规定。

3.16.5 无障碍住房和无障碍客房的卫生间应符合本规范第3.14节的规定。

3.16.6 无障碍住房和无障碍客房的浴室应符合本规范第3.15节的规定。

Ⅰ 主控项目

3.16.7 无障碍住房和无障碍客房的套型布置。无障碍客房内的过道、卫生间，无障碍住房卧室、起居室、厨房、卫生间、过道和阳台等基本使用空间的面积应符合设计要求。

　　检查数量：全数检查。

　　检验方法：用钢尺量测检查。

3.16.8 无障碍客房设置的位置和数量应符合设计要求。

　　检查数量：全数检查。

　　检验方法：观察检查。

3.16.9 无障碍住房和无障碍客房所设置的求助呼叫按钮和报警灯的安装部位和高度应符合设计要求。报警信息显示、传输可靠。

　　检查数量：全数检查。

　　检验方法：查产品合格证明文件，用钢尺量测检查，现场测试。

3.16.10 无障碍住房和无障碍客房设置的家具和电器的摆放位置和高度应符合设计要求。

　　检查数量：全数检查。

　　检验方法：用钢尺量测检查。

3.16.11 无障碍住房和无障碍客房的地面、墙面及轮椅回转空间应符合设计要求。

　　检查数量：全数检查。

　　检验方法：观察和用钢尺量测检查。

3.16.12 无障碍住房的厨房操作台、吊柜、壁柜必须安装牢固。厨房操作台的高度、深度及台下的净空尺寸、厨房吊柜的高度和深度应符合设计要求。

　　检查数量：全数检查。

　　检验方法：手扳检查，用钢尺量测检查。

3.16.13 橱柜的高度和深度、挂衣杆的高度应符合设计要求。

　　检查数量：全数检查。

　　检验方法：用钢尺量测检查。

3.16.14 无障碍住房的阳台进深应符合设计要求。

　　检验方法：用钢尺量测检查。

3.16.15 晾晒设施应符合设计要求。

　　检验方法：观察检查。

3.16.16 开关、插座的选型、位置和安装高度应符合设计要求。

　　检验方法：查产品合格证明文件，用钢尺量测检查。

3.16.17 无障碍住房设置的通讯设施应符合设计要求。

　　检验方法：观察检查，现场测试。

Ⅱ 一般项目

3.16.18 无障碍住房和无障碍客房的地面允许偏差应符合本规范表3.5.15的规定。

3.16.19 无障碍住房厨房操作台、吊柜、壁柜，表面应平整、洁净、色泽应一致，不得有裂缝、翘曲及损坏。

　　检验方法：观察检查。

3.16.20 无障碍住房的厨房操作台、吊柜、壁柜的抽屉和柜门应开关灵活，回位正确。

　　检验方法：观察检查，开启和关闭检查。

3.16.21 无障碍住房的橱柜、厨房操作台、吊柜、壁柜的允许偏差应符合表3.16.21的规定。

表3.16.21 橱柜、厨房操作台、吊柜、壁柜允许偏差

项 目	允许偏差(mm)	检验方法
外形尺寸	3	钢尺量测
立面垂直度	2	垂直检测尺量测
门与框架的直线度	2	拉通线,钢尺量测

3.17 过街音响信号装置

3.17.1 本节适用于城市道路人行横道口过街音响信号装置的施工验收。

3.17.2 过街音响信号装置的选型、设置和安装应符合现行国家标准《道路交通信号灯》GB 14887和《道路交通信号灯设置与安装规范》GB 14886的有关规定。

Ⅰ 主 控 项 目

3.17.3 装置应安装牢固,立杆与基础有可靠的连接。

检查数量:全数检查。

检验方法:查安装施工记录、隐蔽工程验收记录。

3.17.4 装置设置的位置、高度应符合设计要求。

检查数量:全数检查。

检验方法:观察和用钢尺量测检查。

3.17.5 装置音响的间隔时间、声压级符合设计要求。音响信号装置应具有根据要求开关的功能。

检查数量:全数检查。

检验方法:查产品合格证明文件,现场测试。

Ⅱ 一 般 项 目

3.17.6 过街音响信号装置的立杆应安装垂直。垂直度允许偏差为柱高的1/1000。

检查数量:每4组抽查2根。

检验方法:线锤和直尺量测检查。

3.17.7 信号灯的轴线与过街人行横道的方向应一致,夹角不应大于5°。

检查数量:每4组抽查2根。

检验方法:拉线量测检查。

3.18 无障碍标志和盲文标志

3.18.1 本节适用于国际通用无障碍标志、无障碍设施标志牌、带指示方向的无障碍标志牌和盲文标志牌的施工验收。

Ⅰ 主 控 项 目

3.18.2 无障碍标志和盲文标志的材质应符合设计要求。

检验方法:查产品合格证明文件。

3.18.3 无障碍标志和盲文标志设置的部位、规格和高度应符合设计要求。

检验方法:观察和用钢尺量测检查。

3.18.4 无障碍标志和盲文标志及图形的尺寸和颜色应符合国际通用无障碍标志的要求。

检验方法:观察和用钢尺量测检查。

3.18.5 对有盲文铭牌要求的设施,盲文铭牌设置的部位、规格和高度应符合设计要求。

检验方法:观察和用钢尺量测检查。

3.18.6 盲文铭牌的尺寸和盲文内容应符合设计要求。盲文制作应符合现行国家标准《中国盲文》GB/T 15720的有关要求。

检验方法:用钢尺量测检查,手摸检查。

3.18.7 盲文地图和触摸式发声地图的设置部位、规格和高度应符合设计要求。

检验方法:观察和用钢尺量测检查。

Ⅱ 一 般 项 目

3.18.8 无障碍标志牌和盲文标志牌应安装牢固、平正。

检验方法:观察检查。

3.18.9 盲文铭牌和盲文地图表面应洁净、光滑、无裂纹、无毛刺。

检验方法:观察和手摸检查。

3.18.10 发光标志的照度应符合设计要求。

检验方法:查产品合格证明文件。

4 无障碍设施的维护

4.1 一 般 规 定

4.1.1 本章适用于城市道路、建筑物、居住区、公园等场所无障碍设施的检查和维护。

4.1.2 无障碍设施竣工验收后,应明确无障碍设施维护人。可按本规范表E划分维护范围。

4.1.3 无障碍设施维护人应配备相应的维护人员,组织、实施维护工作。

4.1.4 无障碍设施维护人应建立维护制度。包括计划、检查、维护、验收及技术档案建立等内容。

4.1.5 无障碍设施维护人应根据检查情况,分析原因,制订维护方案。

4.1.6 无障碍设施维护分为系统性维护、功能性维护和一般性维护。维护情况可按本规范附录G表格记录。

4.1.7 人行道盲道和缘石坡道的维护尚应符合现行行业标准《城镇道路养护技术规范》CJJ 36—2006第9.1节～第9.4节的有关规定。

4.1.8 涉及人身安全的无障碍设施的缺损必须采取应急维护措施,及时修复。

4.1.9 无障碍通道地面面层的维修,宜采用与原面层材质、规格相同的材料进行。

4.1.10 无障碍设施的维修施工和验收应符合本规范第3章相对应设施的规定。

4.1.11 在降雪地区,冬季维护的重点为除雪防滑,无障碍设施维护人应组织除雪作业。

4.1.12 无障碍设施维护人应根据维护制度,保存维护人员档案和培训记录、无障碍设施的检查记录、维修计划和维修方案和施工、验收记录。

4.2 无障碍设施的缺损类别和缺损情况

4.2.1 根据无障碍设施缺损所产生的影响以及检查范围的不同,无障碍设施缺损可分为系统性缺损、功能性缺损和一般性缺损。

4.2.2 无障碍设施缺损情况可按表4.2.2进行分类。

表4.2.2 无障碍设施缺损情况

缺损类别		缺 损 情 况
系统性缺损		新建、扩建和改建,各单位工程中的缘石坡道、盲道、无障碍出入口、轮椅坡道、无障碍通道、楼梯和台阶、无障碍电梯和升降平台、过街音响信号装置,无障碍标志和盲文标志等无障碍设施出现的缺损,不同单位的无障碍通道接口,行走路线发生改变或出现阻断、永久性的占用,出现区域内无障碍设施总体系统表失使用功能
功能性缺损	裂缝、变形和破损	人为或自然的原因造成地基或基层发生变形,出现缘石坡道、盲道、无障碍出入口、轮椅坡道、无障碍通道、楼梯和台阶、无障碍停车位的面层开裂、沉陷和隆起。门扇的裂缝、下垂和翘曲。除地面以外其他设施的破损
	松动、脱落和缺失	裂缝和变形,出现缘石坡道、盲道、无障碍出入口、轮椅坡道、无障碍通道、楼梯和台阶、无障碍电梯和升降平台、无障碍停车位的面层和粘结层或基层的脱离,面层裂缝、块体或板块面层单个块体的松动、脱落和缺失;盲道触条和触感圆点和基层的脱离,出现的脱落和缺失;连接松动,出门门、扶手、安全抓杆、无障碍厕所和无障碍厕位、无障碍浴室、楼梯间和台阶、无障碍电梯和升降平台、低位服务设施、求助呼叫装置、无障碍住房中设施、低位服务设施、无障碍标志和盲文标志出现脱落和缺失

缺损类别		缺损情况
功能性缺损	故障	照明装置、无障碍电梯和升降平台楼层显示和语音报层装置、无障碍电梯和升降平台门开闭装置、求助呼叫装置、过街音响信号装置、通讯设施、服务设施的设备故障
	磨损	盲道触感条和触感圆点、无障碍选层按钮、盲文铭牌和盲文地图圆点的磨损;轮椅席位、无障碍停车位地面标线的磨损
	褪色	盲道、无障碍标志和盲文标志与新建设施颜色出现明显色差;门与相邻设施对比度明显下降。轮椅席位、无障碍停车位地面标线的褪色
	抗滑性能下降	缘石坡道、盲道、无障碍出入口、轮椅坡道、无障碍通道、楼梯和台阶的地面由于使用磨损或污染造成的抗滑性能下降
一般性缺损		涉及通行的缘石坡道、盲道、无障碍出入口、轮椅坡道、无障碍通道、楼梯和台阶、无障碍电梯和升降平台、低位服务设施、过街音响信号装置、无障碍标志和盲文标志设施表面污染

4.3 无障碍设施的检查

4.3.1 无障碍设施检查的频次应符合表 4.3.1 的规定。检查情况可按本规范附录 F 表格记录。

表 4.3.1 无障碍设施检查频次

检查类别	系统性检查	功能性检查	一般性检查
检查频次	每年 1 次	每季度 1 次	每月 1 次

4.3.2 无障碍设施的检查内容应符合下列规定:

1 系统性检查:检查城市道路、城市绿地、居住区、建筑物、历史文物保护建筑无障碍设施因新建、改建和扩建造成的各单位工程接口之间缘石坡道、盲道、无障碍出入口、轮椅坡道、无障碍通道、楼梯和台阶、无障碍电梯和升降平台、过街音响信号装置、无障碍标志和盲文标志等无障碍设施系统性的破坏状况。

2 功能性检查:检查无障碍设施的局部损坏、缺失等不能满足使用功能的状况。

3 一般性检查:检查无障碍设施被占用和污染的状况。

4.4 无障碍设施的维护

4.4.1 系统性维护应符合下列规定:

1 对新建、改建和扩建的工程项目造成区域内无障碍设施缺损,系统性丧失使用功能的情况,无障碍设施维护人应编制维护方案。维护方案至少应包括下列内容:

1)新建、扩建和改建前,城市道路、建筑物、居住区、公园等场所的无障碍通道与周边通道的连接情况。

2)新建、扩建和改建过程中对原有无障碍设施产生的影响和临时性改造措施。

3)新建、扩建和改建后,城市道路、建筑物、居住区、公园等场所之间的无障碍通道与周边通道的连接的修复,完成后各类设施布置的规划。

2 由于新建、改建和扩建,各单位工程之间无障碍通道接口、行走路线被永久性的占用,应重新规划和设计被占用的设施,保证无障碍设施的正常使用。

4.4.2 功能性维护应符合下列规定:

1 地面的裂缝、变形和破损的维护应符合下列规定:

1)对面层裂缝、变形和破损的维护,所使用的面层材料的材质应与原材质相同,所使用的板块材料的规格、尺寸和颜色宜与原板块材料相同。

2)对整体面层局部轻微裂缝,可采用直接灌浆法处治。对贯穿板厚的中等裂缝,可用扩缝补块的方法处治。对于严重裂缝可用挖补方法全深度补块。整体面层大面积开裂、空鼓的应凿除重做。

3)对板块面层局部出现裂缝的,可采取更换板块材料的方法处治。板块面层大面积开裂、空鼓的应凿除重做。

4)对地基或基层沉陷导致面层沉陷维护,应首先处理地基

和基层,地基和基层处理达到设计和相关规范要求并验收合格后,再处理面层。

5)对树木根部的生长造成的隆起,应首先处理基层,基层处理达到设计和相关规范要求并验收合格后,再处理面层。

6)检查井沉陷应重新安装检查井框。

7)维护面层的范围应大于沉陷部位的面积,每边不应小于 300mm 或 1 倍板块材料的宽度。

8)对单块盲道板触感条和触感圆点破损超过 25%的,盲道板有开裂、翘边、破损等,应用更换方法处治。一条盲道整体触感条和触感圆点破损超过 20%的,应重新铺贴。

2 其他设施及组件的裂缝、变形和破损的维护应符合下列规定:

1)扶手的开裂、变形和破损,应用修补或更换方法处治。

2)安全抓杆的变形,应用更换的方法处治。

3)门扇下垂、变形和破损影响使用的应用更换方法处治。

4)观察窗玻璃开裂、破损,应用更换的方法处治。

5)门把手、关门拉手和闭合器破损,应用更换的方法处治。

6)无障碍通道的护壁板、门的护门板翘边、破损,应用修补或更换的方法处治。

7)无障碍厕所和无障碍厕位、无障碍浴室中的洁具、配件破损,应用更换的方法处治。

8)求助呼叫按钮装置破损,应用更换的方法处治。

9)放物台、更衣台、洗手盆、浴帘、毛巾架、挂衣钩破损,应用修补或更换的方法处治。

10)过街音响信号装置立杆、信号灯变形和破损,应用更换的方法处治。

11)无障碍电梯和升降平台的无障碍选层按钮破损,应用更换的方法处治。

12)镜子的破损,应用更换的方法处治。

13)盲文地图破损,应用修补或更换的方法处治。

3 松动、脱落和缺失的维护应符合下列规定:

1)面层的局部松动、脱落,应用修补和更换的方法处治。脱落面积超过 20%的,应整体凿除重做。

2)局部盲道板松动、脱落和缺失,应重新固定、补齐。

3)缺失的检查井盖板和雨水箅应补齐。

4)无障碍通道、走道的护墙板和门的护门板松动、缺失,应紧固、补齐。

5)扶手、安全抓杆松动、脱落和缺失,应紧固、补齐。

6)栏杆、栏板松动和缺失,应首先采取可靠的临时围挡措施,然后按原设计修复。

7)门把手、关门拉手和闭合器松动、脱落和缺失,应紧固、补齐。

8)无障碍厕所和无障碍厕位、无障碍浴室中的洁具、配件松动、脱落和缺失,应紧固、补齐。

9)求助呼叫按钮装置松动、脱落和缺失,应紧固、补齐。

10)放物台、更衣台、洗手盆、浴帘、毛巾架、挂衣钩松动、脱落和缺失,应紧固、补齐。

11)过街音响信号装置立杆、信号灯松动,应紧固。

12)厨房的操作台、吊柜、壁柜和卧室、客房的橱柜及其五金配件、挂衣杆松动、脱落和缺失,应用紧固、补齐。

13)无障碍电梯和升降平台的无障碍选层按钮松动、脱落和缺失,应紧固、补齐。

14)无障碍标志和盲文标志松动、脱落和缺失,应紧固、补齐。

4 故障的维护应符合下列规定:

1)求助呼叫装置和报警装置故障,应排除、修复。

2)过街音响信号装置的灯光和音响故障,应排除、修复。

3)居室内设置的通讯设备故障,应排除、修复。

4)服务设施的设备故障,应排除、修复。

5)无障碍电梯和升降平台的运行楼层显示装置和音响报层装置、平层装置、梯门开闭装置故障,应排除、修复。

5 磨损的维护应符合下列规定:

1)盲道触感条和触感圆点因磨损高度不符合设计和相关规范要求,应更换盲道板。

2)无障碍电梯和升降平台的无障碍选层按钮、盲文铭牌和盲文地图的触点因磨损,不能正常使用,应更换。

3)轮椅席位、无障碍停车位地面标线磨损,应重画。

6 褪色的维护应符合下列规定:

1)盲道板明显褪色,应更换。

2)门明显褪色,降低门与墙面的对比度下降,应重新涂装。

3)无障碍标志和盲文标志明显褪色,应更换。

4.4.3 一般性维护应符合下列规定:

1 临时性占用的维护应符合下列规定:

1)涉及通行的缘石坡道、盲道、无障碍出入口、轮椅坡道、无障碍通道、楼梯和台阶被临时性占用。占用的活动设施和物品应移除,占用的固定设施应拆除。

2)无障碍厕所和无障碍厕位、无障碍浴室、无障碍住房、无障碍客房、低位服务设施、轮椅席位、无障碍电梯和升降平台中的轮椅回转空间被临时性占用。占用的活动设施和物品应移除,占用的固定设施应拆除。

2 积水、腐蚀和污染的维护应符合下列规定:

1)涉及通行的地面面层积水,应及时清除。

2)盲道、扶手、安全抓杆、门、无障碍厕所和无障碍厕位、无障碍浴室、无障碍住房、无障碍客房、无障碍电梯和升降平台、过街音响信号装置、无障碍标志和盲文标志及配件的表面出现腐蚀、锈蚀、油漆脱落,应重新涂装或更换。

3)设施表面污染应清洗达到洁净的标准。

4.4.4 抗滑性能下降的维护应符合下列规定:

1 对地面磨损,造成抗滑性能下降,不能达到设计要求的,应对面层进行处理。

2 设计为干燥地面,出现潮湿或积水情况,造成抗滑性能下降,不能满足安全使用要求的,应对面层进行处理。

3 对污染所造成的抗滑性能下降,不能达到设计要求的,应对面层进行处理。

附录A 无障碍设施分项工程与相关分部(子分部)工程对应表

表 A 无障碍设施分项工程划分及与相关分部(子分部)工程对应表

序号	分部工程	子分部	无障碍设施分项工程
1	人行道		缘石坡道
	道路		
2	人行道		盲道
	建筑装饰装修	地面	
	道路		
3	建筑装饰装修	地面、门窗	无障碍出入口
4	面层		轮椅坡道
	建筑装饰装修	地面	
	道路		
5	面层		无障碍通道
	建筑装饰装修	地面	
	道路		
6	面层		楼梯和台阶
	建筑装饰装修	地面	
7	建筑装饰装修	细部	扶手

续表 A

序号	分部工程	子分部	无障碍设施分项工程
8	电梯		无障碍电梯与升降平台
9	建筑装饰装修	门窗	门
10	建筑装饰装修	地面	无障碍厕所和无障碍厕位
	建筑电气		
	建筑给水排水及采暖		
	智能建筑		
11	建筑装饰装修	地面	无障碍浴室
	建筑电气		
	建筑给水排水及采暖		
	智能建筑		
12	建筑装饰装修	地面、细部	轮椅席位
13	建筑装饰装修	地面、细部	无障碍住房和无障碍客房
	建筑电气		
	建筑给水排水及采暖		
	智能建筑		
14	广场与停车场		无障碍停车位
	建筑装饰装修		
15	建筑装饰装修		低位服务设施
16	建筑装饰装修	细部	无障碍标志和盲文标志

注:1 表中人行道、面层和广场与停车场三个分部工程应按现行行业标准《城镇道路工程施工与质量验收规范》CJJ 1 的有关规定进行验收。

2 道路、建筑装饰装修、电梯、智能建筑、建筑电气和建筑给水排水及采暖六个分部工程应按现行国家标准《建筑工程施工质量验收统一标准》GB 50300 的有关规定进行验收。

3 过街音响信号装置应按现行国家标准《道路交通信号灯设置与安装规范》GB 14886 的有关规定进行验收。

附录B 无障碍设施隐蔽工程验收记录

表 B 无障碍设施隐蔽工程验收记录

工程名称		施工单位	
分项工程名称		项目经理	
隐蔽工程项目		专业技术负责人	
施工标准名称及编号			
施工图名称及编号			
隐蔽工程部位	质量要求	施工单位自查记录	监理(建设)单位验收记录
施工单位自查结论	施工单位项目技术负责人: 年 月 日		
监理(建设)单位验收结论	监理工程师(建设单位项目负责人): 年 月 日		

附录 C 无障碍设施地面抗滑性能
检查记录表及检测方法

C.0.1 无障碍设施地面抗滑性能检查可按表 C.0.1 进行记录。

表 C.0.1 无障碍设施地面抗滑性能检查记录

工程名称			施工单位		
分部工程名称			项目经理		
分项工程名称			专业技术负责人		
施工标准名称及编号					
施工图名称及编号					
检测部位及平、坡面	实测值		允许值		检测结论
	抗滑系数	抗滑摆值	抗滑系数	抗滑摆值	
施工单位自查结论	施工单位项目技术负责人：　　　　　　年　月　日				
监理(建设)单位验收结论	监理工程师(建设单位项目负责人)：　　　　　　年　月　日				

C.0.2 无障碍设施面层抗滑系数测定应按下列方法进行：

1 本测定方法适用于无障碍设施地面抗滑的现场测试和地面铺贴块材的实验室测试,进行抗滑处理后的块材也可根据实际情况执行。不适用于被污染的区域。

2 测定区域及样品应符合下列规定：

1)测定区域或样品不应小于 100mm×100mm。每次测定前样品表面应保持清洁。

2)测定样品或区域应分别进行湿态和干态测定,每组测定至少进行 3 个测定样品的测试。

3)现场测定时,同一个地面,同种块材,同种块材加工饰面应进行一组测试。

3 测定使用的仪器和材料应包括：

1)水平拉力计,最小分度应为 0.1N。

2)一个 50N 的重块。

3)聚氨酯耐磨合成橡胶,IRD 硬度应为 90±2。

4)400 号碳化硅耐水砂纸,应符合现行行业标准《涂附磨具耐水砂纸》JB/T 7499—2006 标准要求。

5)软毛刷。

6)P220 号碳化硅砂,应符合现行国家标准《涂附磨具用磨料粒度分析　第 2 部分：粗磨粒 P12～P220 粒度组成的测定》GB/T 9258.2—2008 标准要求。

7)一块 150mm×150mm×5mm 和一块 100mm×100mm×5mm 的浮法玻璃板。

8)蒸馏水。

4 测定应遵循下列步骤：

1)制作滑块：将一块 75mm×75mm×3mm 的聚氨酯耐磨合成橡胶(IRD 硬度为 90±2)粘在一块 200mm×200mm×20mm 的木块中央位置,组成滑块组件,木块侧面中心位置固定一个环首螺钉,用于与拉力计连接。

2)对滑块进行处理：把一张 400 号碳化硅砂纸平铺在工作平台上,沿水平方向拉动滑块组件直至橡胶表面失去光泽,用软毛刷刷去碎屑。

3)校正：将 150mm×150mm×5mm 的玻璃板放在工作平台上,在其表面撒上少量碳化硅砂并滴几滴水,用 100mm×100mm×5mm 的玻璃板为研磨工具,以圆周运动进行研磨至大玻璃板表面完全变成半透明状态。

用清水洗净大玻璃板表面,擦净,在空气中干燥,作为校正板备用。

将准备好的校正板放在一个水平的工作台上,将滑块组件放在糙面上,水平拉力计挂钩挂在滑块组件的环首螺钉上,在滑块组件上面的中心位置放置一个 50N 的重块,固定校正板,使拉力计的拉杆和环首螺钉保持在同一水平线上,立即缓慢拉动拉力计至滑块组件恰好发生移动,记录下此时的拉力值,精确到 0.1N。总共拉动 4 次,每次与上次拉动方向在水平面上呈 90°角。

抗滑系数校正值应按下式计算：

$$C = R_d/nG \tag{C.0.2-1}$$

式中：C——抗滑系数校正值；

R_d——4 次拉力读数之和(N)；

n——拉动次数,应取 4；

G——滑块组件加上 50N 重块的总重力(N)。

如果橡胶面打磨均匀,4 个拉力读数应该基本一致,且校正值应在 0.75±0.05 范围内。在测试 3 个样品之前和之后均应重复校正过程并记录结果。如果前后的校正值不符合 0.75±0.05,应重新测试。

4)测试干态表面：

①将测试表面擦拭干净,必要时用清水洗净并干燥。

②将测试样品放在一个水平的工作工作台上,将滑块组件放在测试面上,水平拉力计挂钩挂在滑块组件的环首螺钉上,在滑块组件上面的中心位置放置一个 50N 的重块,固定测试样品,使拉力计的拉杆和环首螺钉保持在同一条水平线上,3 秒钟内立即缓慢拉动拉力计至滑块组件恰好发生移动,记录下此时的拉力值,精确到 0.1N。一个测试面上要拉动 4 次组件,每次与上次方向在水平面上呈 90°角,每进行一次拉动前就要用 400 号砂纸对耐磨合成橡胶表面进行一次打磨并保持表面平整。记录所有读数。

5)测试湿态表面：

用蒸馏水将测试面和耐磨合成橡胶表面打湿,重复测试干态表面的步骤 2。

5 单个测试面或试验样品的平均抗滑系数计算应按下列公式计算：

1)干态表面测试：

$$C_d = R_d/nG \tag{C.0.2-2}$$

2)湿态表面测试：

$$C_w = R_w/nG \tag{C.0.2-3}$$

式中：C_d——干态表面测试的抗滑系数值；

C_w——湿态表面测试的抗滑系数值；

R_d——干态表面测试 4 次拉力读数之和(N)；

R_w——湿态表面测试 4 次拉力读数之和(N)；

n——拉动次数(4 次)；

G——滑块组件加上50N重块的总重力(N)。

以一组试验的平均值作为测定结果,保留两位有效数字。

6 测定报告应包括下列内容:

1)样品名称、尺寸、数量、种类。

2)干态和湿态的单个测试面的抗滑系数和一组试验的平均抗滑系数。

3)判断本标准的极限值时,采用修约值比较法。

C.0.3 无障碍设施面层抗滑摆值(F_B)的测定应按下列方法进行。

1 本测定方法适用于以摆式摩擦系数测定仪(摆式仪)测定无障碍设施面层的抗滑值,用以评定无障碍设施面层的抗滑性能。

2 测定仪具与材料应包括:

1)摆式仪:摆及摆的连接部分总质量应为(1500±30)g,摆动中心至摆的重心距离应为(410±5)mm,测定时摆在面层上滑动长度应为(126±1)mm,摆上橡胶片端部距摆动中心的距离应为508mm,橡胶片对面层的正向静压力应为(22.2±0.5)N。摆式仪结构见示意图C.0.3。

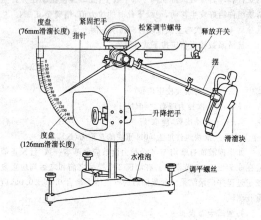

图 C.0.3 摆式仪结构示意图

2)橡胶片:用于测定面层抗滑值时的尺寸应为(6.35±1)mm×(25.4±1)mm×(76.2±1)mm,橡胶片应为(90±1)邵尔应硬度的4S橡胶。当橡胶片使用后,端部在长度方向上磨损超过1.6mm或边缘在宽度方向上磨耗超过3.2mm,或有油污染时,应更换新橡胶片;新橡胶片应先在干燥路面上测10次后再用于测试。橡胶片的有效使用期应为1年。

3)标准量尺:长度应为126mm。

4)洒水壶。

5)橡胶刮板。

6)地面温度计:分度不应大于1℃。

7)其他:皮尺式钢卷尺、扫帚、粉笔等。

3 测定应遵循下列步骤:

1)进行准备工作,应包括下列内容:

①检查摆式仪的调零灵敏情况,并应定期进行仪器的标定。当用于无障碍设施面层工程检查验收时,仪器应重新标定。

②对测试同一材料的面层,应按随机取样方法,决定测点所在位置。测点应干燥清洁。无灰尘杂物、油污等。

2)进行测试:

①调平仪器:将仪器置于面层测点上,转动底座上的调平螺栓,使水准泡居中。

②调零:

a.放松上、下两个紧固把手,转动升降把手,使摆升高并能自

由摆动,然后旋紧紧固把手。

b.将摆抬起,使卡环卡在释放开关上,此时摆处于水平释放位置,把指针转至与摆杆平行。

c.按下释放开关,摆带动指针摆动向另一边,当摆达到另一边最高位置后下落时,用手将摆杆接住,此时指针应指向零。若不指零时,可稍旋紧或放松摆的调节螺母,重复本项操作,直至指针指零。调零允许误差为±1BPN。

③校核滑动长度:

a.让摆自由悬挂,提起摆头上的举升柄,将底座上垫块置于定位螺丝下面,使摆头上的滑溜块升高,放松紧固把手,转动立柱上升降把手,使摆缓缓下降。当滑块上的橡胶片刚刚接触路面时,将紧固把手旋紧,使摆头固定。

b.提起举升柄,取下垫块,使摆向右运动。然后,手提举升柄使摆慢慢向一边运动,直至橡胶片的边缘刚刚接触面层。在橡胶片的外边缘运动方向设置标准量尺,尺的一端正对准该点。再用手提起举升柄,使滑溜块向上抬起,并使摆继续运动至另一边,使橡胶片返回落下再一次接触面层,橡胶片两次同路面接触点的距离应在126mm(即滑动长度)左右。若滑动长度不符合标准时,则升高或降低仪器底正面的调平螺丝来校正,但需调平水准泡,重复此项校核直至滑动长度符合要求,而后,将摆和指针置于水平释放位置。

校核滑动长度时应以橡胶片长边刚刚接触路面为准,不得借摆力量向前滑动,以免标定的滑动长度过长。

④测试:

将摆抬至待释放位置,并使指针和摆杆平行,按下释放开关,使摆在面层上滑过,指针即可指示出面层的摆值。在摆杆回落时,应用左手接摆,以避免摆在回摆过程中接触面层。第一次值应舍去。

重复以上操作测定5次,并读记每次测定的摆值,即BPN,5次数值中最大值与最小值的差值不得大于3BPN。如差数大于3BPN时,应检查产生的原因,并再次重复上述各项操作,至符合规定为止。取5次测定的平均值作为每个测点面层的抗滑摆值(即摆值F_{BT}),取整数,以BPN表示。

⑤测试潮湿地面:

若要测试潮湿地面的抗滑摆值,应用喷壶将水浇在待测面层处,5min后用橡胶刮板刮除多余的水分,然后再进行测试。

⑥对抗滑摆值进行温度修正:

在测点位置上用地面温度计测面层的温度,精确至1℃。当路面温度为T时得得的值为F_{BT},应换算成标准温度20℃的摆值F_{B20}。温度修正值见表C.0.3。

表 C.0.3 温度修正值

温度(℃)	0	5	10	15	20	25	30	35	40
温度修正值(ΔBPN)	−6	−4	−2	−1	0	+2	+3	+5	+7

⑦确定测定结果:

在3个不同测点进行测试,取3个测点抗滑摆值的平均值作为试验结果,精确至1BPN。

4 检测报告应包括下列内容:

1)测试日期、测点位置、天气情况、面层温度,并描述面层外观、材质、表面养护情况等。

2)单点抗滑摆值:各点面层抗滑摆值的测定值F_{BT}、经温度修正后的F_{B20}。

3)各点抗滑摆值的测定值及3次测定值的平均值、标准差、变异系数。

4)精密度与允许差:同一个测点;重复5次测定的差值不大于3BPN。

附录 D 无障碍设施分项工程检验批质量验收记录表

D.0.1 缘石坡道分项工程应按表 D.0.1 进行记录。

表 D.0.1 缘石坡道分项工程检验批质量验收记录

工程名称		分项工程名称		验收部位	
施工单位		专业工长		项目经理	
施工执行标准名称及编号					
分包单位		分包项目经理		施工班组长	
主控项目		施工质量验收标准的规定	施工单位检查评定记录		监理(建设)单位验收记录
1	面层材质	品种、质量、抗压强度应符合设计要求			
2	结合层的施工	应结合牢固,无空鼓			
3	坡度	应符合设计要求			
4	宽度	应符合设计要求			
5	高差	应符合设计要求			
6	板块空鼓	每个检验批单块砖边角局部空鼓不超过总数的5%			
一般项目		施工质量验收标准的规定	施工单位检查评定记录		监理(建设)单位验收记录
1	外观质量	表面应平整、无裂缝、掉角、缺棱和翘曲			
2	面层压实度	应符合设计要求			
3 平整度	项目	允许偏差(mm)			
	水泥混凝土	3			
	沥青混凝土	3			
	其他混合料	4			
	预制砌块	5			
	陶瓷类地砖	2			
	石板材	1			
	块石	3			
4 相邻块块高差	预制砌块	3			
	陶瓷类地砖	0.5			
	石板材	0.5			
	块石	2			
5 井框与路面高差	水泥混凝土	3			
	沥青混凝土	5			
	预制砌块	4			
	陶瓷类地砖				
	石板材	3			
	块石				
6	厚度	±5			
施工单位检查评定结果		项目专业质量检查员: 年 月 日			
监理(建设)单位验收结论		监理工程师(建设单位项目专业技术负责人): 年 月 日			

D.0.2 盲道分项工程应按表 D.0.2 进行记录。

表 D.0.2 盲道分项工程检验批质量验收记录

工程名称		分项工程名称		验收部位	
施工单位		专业工长		项目经理	
施工执行标准名称及编号					
分包单位		分包项目经理		施工班组长	
主控项目		施工质量验收标准的规定	施工单位检查评定记录		监理(建设)单位验收记录
1	盲道材质	规格、颜色、强度应符合设计要求			
2	盲道型材厚度,凸面高度、形状	应符合设计要求			
3	结合层质量	应符合设计要求			
4	宽度、设置部位和走向	应符合设计要求			
5	盲道与障碍物距离	应符合设计要求			
一般项目		施工质量验收标准的规定	施工单位检查评定记录		监理(建设)单位验收记录
1	外观质量	应牢固、表面平整,缝线顺直、缝宽均匀、灌缝饱满、无翘边、翘角,不积水			
2	型材尺寸	应符合设计要求			
3 平整度	项目	允许偏差(mm)			
	预制盲道块	3			
	石材类盲道板	1			
	陶瓷类盲道板	2			
4 相邻块块高差	预制盲道块	3			
	石材类盲道板	0.5			
	陶瓷类盲道板	0.5			
5 接缝宽度	项目	允许偏差(mm)			
	预制盲道块	+3;-2			
	石材类盲道板	1			
	陶瓷类盲道板	2			
6 纵缝顺直	预制盲道块	5			
	石材类盲道板	2			
	陶瓷类盲道板	2			
7 横缝顺直	预制盲道块	2			
	石材类盲道板	2			
	陶瓷类盲道板	2			
施工单位检查评定结果		项目专业质量检查员: 年 月 日			
监理(建设)单位验收结论		监理工程师(建设单位项目专业技术负责人): 年 月 日			

D.0.3 轮椅坡道分项工程应按表 D.0.3 进行记录。

表 D.0.3 轮椅坡道分项工程检验批质量验收记录

工程名称		分项工程名称		验收部位	
施工单位		专业工长		项目经理	
施工执行标准名称及编号					
分包单位		分包项目经理		施工班组长	
主控项目		施工质量验收标准的规定	施工单位检查评定记录	监理(建设)单位验收记录	
1	面层材质	应符合设计要求			
2	结合层质量	应结合牢固、无空鼓			
3	坡度	应符合设计要求			
4	宽度	应符合设计要求			
5	高差	应符合设计要求			
6	安全挡台高度	应符合设计要求			
7	缓冲地带和休息平台长度	应符合设计要求			
8	雨水箅网眼尺寸	应符合设计要求			
一般项目		施工质量验收标准的规定	施工单位检查评定记录	监理(建设)单位验收记录	
1	外观质量	不应有裂纹、麻面等缺陷			
2	平整度	项目	允许偏差(mm)		
		水泥砂浆	2		
		细石混凝土	3		
		沥青混合料	4		
		水泥花砖	2		
		陶瓷类地砖	2		
		石板材	1		
3	整体面层厚度	±5			
4	相邻块高差	0.5			
施工单位检查评定结果		项目专业质量检查员: 年 月 日			
监理(建设)单位验收结论		监理工程师(建设单位项目专业技术负责人): 年 月 日			

D.0.4 无障碍通道分项工程应按表 D.0.4 进行记录。

表 D.0.4 无障碍通道分项工程检验批质量验收记录

工程名称		分项工程名称		验收部位	
施工单位		专业工长		项目经理	
施工执行标准名称及编号					
分包单位		分包项目经理		施工班组长	
主控项目		施工质量验收标准的规定	施工单位检查评定记录	监理(建设)单位验收记录	
1	面层材质	应符合设计要求			
2	结合层质量	应符合设计要求			
3	宽度	应符合设计要求			
4	突出物尺寸和高度	应符合设计要求			
5	雨水箅网眼尺寸	应符合设计要求			
6	凹室尺寸	应符合设计要求			
7	安全设施设置	应符合设计要求			
一般项目		施工质量验收标准的规定	施工单位检查评定记录	监理(建设)单位验收记录	
1	雨水箅	应安装平整			
2	护壁(门)板高度	应符合设计要求			
3	通道转角处墙体的倒角或圆弧尺寸	应符合设计要求			
4	平整度	项目	允许偏差(mm)		
	整体面层	水泥混凝土	3		
		沥青混凝土	3		
		其他沥青混合料	4		
	板块面层	预制砌块	5		
		陶瓷类地砖	2		
		石板材	1		
		块石	3		

续表 D.0.4

一般项目			施工质量验收标准的规定	施工单位检查评定记录	监理(建设)单位验收记录
项目			允许偏差(mm)		
4	平整度	坡道面层	水泥砂浆	2		
			细石混凝土、橡胶弹性面层	3		
			沥青混合料	4		
			水泥花砖	2		
			陶瓷类地砖	2		
			石板材	1		
5	地面与雨水箅高差		-3;0			
6	护墙板高度		+3;0			
施工单位检查评定结果			项目专业质量检查员: 年 月 日		
监理(建设)单位验收结论			监理工程师(建设单位项目专业技术负责人): 年 月 日		

D.0.5 无障碍停车位分项工程应按表 D.0.5 进行记录。

表 D.0.5 无障碍停车位分项工程检验批质量验收记录

工程名称		分项工程名称		验收部位	
施工单位		专业工长		项目经理	
施工执行标准名称及编号					
分包单位		分包项目经理		施工班组长	
主控项目		施工质量验收标准的规定	施工单位检查评定记录	监理(建设)单位验收记录	
1	位置和数量	应符合设计要求			
2	一侧通道宽度	应符合设计要求			
3	涂画和标志	应符合设计和相关规范要求			
一般项目		施工质量验收标准的规定	施工单位检查评定记录	监理(建设)单位验收记录	
1	地面坡度	应符合设计要求			
2	平整度	项目	允许偏差(mm)		
	整体面层	水泥混凝土	3		
		沥青混凝土	3		
		其他沥青混合料	4		
	板块面层	预制砌块	5		
		陶瓷类地砖	2		
		石板材	1		
		块石	3		
3	相邻块高差	0.5			
4	地面坡度	±0.3%			
施工单位检查评定结果		项目专业质量检查员: 年 月 日			
监理(建设)单位验收结论		监理工程师(建设单位项目专业技术负责人): 年 月 日			

D.0.6 无障碍出入口分项工程应按表 D.0.6 进行记录。

表 D.0.6 无障碍出入口分项工程检验批质量验收记录

工程名称				分项工程名称		验收部位	
施工单位				专业工长		项目经理	
施工执行标准名称及编号							
分包单位				分包项目经理		施工班组长	
主控项目			施工质量验收标准的规定		施工单位检查评定记录		监理(建设)单位验收记录
1	出入口外地面坡度		应符合设计要求				
2	平台宽度、雨篷尺寸		应符合设计要求				
3	门扇开启距离		应符合设计要求				
4	雨水箅网眼尺寸		应符合设计要求，且不大于15mm				
一般项目			施工质量验收标准的规定		施工单位检查评定记录		监理(建设)单位验收记录
1	出入口处地面外观质量		应符合设计要求				
2	平整度	整体面层	项目	允许偏差(mm)			
			水泥混凝土	3			
			沥青混凝土	3			
			其他沥青混合料	4			
		板块面层	预制砌块	5			
			陶瓷类地砖	2			
			石板材	1			
			块石	5			
		坡道面层	水泥砂浆	4			
			细石混凝土、橡胶弹性面层	3			
			沥青混合料	4			
			水泥花砖	3			
			陶瓷类地砖	2			
			石板材	1			
施工单位检查评定结果			项目专业质量检查员： 年 月 日				
监理(建设)单位验收结论			监理工程师(建设单位项目专业技术负责人)： 年 月 日				

D.0.7 低位服务设施分项工程应按表 D.0.7 进行记录。

表 D.0.7 低位服务设施分项工程检验批质量验收记录

工程名称			分项工程名称		验收部位	
施工单位			专业工长		项目经理	
施工执行标准名称及编号						
分包单位			分包项目经理		施工班组长	
主控项目			施工质量验收标准的规定	施工单位检查评定记录		监理(建设)单位验收记录
1	位置和数量		应符合设计要求			
2	设施高度、宽度和进深		应符合设计要求			
3	下方净空尺寸		应符合设计要求			
4	轮椅回转空间		应符合设计要求			
5	灯具和开关		应符合设计要求			
一般项目			施工质量验收标准的规定	施工单位检查评定记录		监理(建设)单位验收记录
1	平整度	项目	允许偏差(mm)			
		水泥砂浆、水磨石	2			
		细石混凝土、橡胶弹性面层	3			
		水泥花砖	3			
		陶瓷类地砖	2			
		石板材	1			
2	相邻块高差		0.5			
施工单位检查评定结果			项目专业质量检查员： 年 月 日			
监理(建设)单位验收结论			监理工程师(建设单位项目专业技术负责人)： 年 月 日			

D.0.8 扶手分项工程应按表 D.0.8 进行记录。

表 D.0.8 扶手分项工程检验批质量验收记录

工程名称			分项工程名称		验收部位	
施工单位			专业工长		项目经理	
施工执行标准名称及编号						
分包单位			分包项目经理		施工班组长	
主控项目			施工质量验收标准的规定	施工单位检查评定记录		监理(建设)单位验收记录
1	材质		应符合设计要求			
2	连接质量		应符合设计要求			
3	扶手截面及安装质量		应符合设计要求			
4	栏杆质量		应符合设计要求			
5	扶手盲文标志		应符合设计要求			
一般项目			施工质量验收标准的规定	施工单位检查评定记录		监理(建设)单位验收记录
1	外观质量		接缝严密，表面光滑，色泽一致，不得有裂缝、翘曲及损坏			
2	钢构件扶手		表面应做防腐处理，其连接处的焊缝应锉平磨光			
3	立柱和托架间距	项目	允许偏差(mm)			
			3			
4	立柱垂直度		3			
5	扶手直线度		4			
施工单位检查评定结果			项目专业质量检查员： 年 月 日			
监理(建设)单位验收结论			监理工程师(建设单位项目专业技术负责人)： 年 月 日			

D.0.9 门分项工程应按表 D.0.9 进行记录。

表 D.0.9 门分项工程检验批质量验收记录

工程名称				分项工程名称		验收部位	
施工单位				专业工长		项目经理	
施工执行标准名称及编号							
分包单位				分包项目经理		施工班组长	
主控项目				施工质量验收标准的规定	施工单位检查评定记录		监理(建设)单位验收记录
1	选型、材质、开启方向			应符合设计要求			
2	开启后净宽			应符合设计要求			
3	把手一侧墙面宽度			应符合设计要求			
4	把手、关门拉手和闭合器			应符合设计要求			
5	观察窗			应符合设计要求			
6	门内外高差			应符合设计要求			
一般项目				施工质量验收标准的规定	施工单位检查评定记录		监理(建设)单位验收记录
1	外观质量			应洁净、平整、光滑、色泽一致			
2	门框正、侧面垂直度	项目		允许偏差(mm)			
		木门	普通	2			
			高级	1			
		钢门		3			
		铝合金门		2.5			
3	门横框水平度			3			
4	护门板高度			+3;0			
施工单位检查评定结果				项目专业质量检查员： 年 月 日			
监理(建设)单位验收结论				监理工程师(建设单位项目专业技术负责人)： 年 月 日			

D.0.10 无障碍电梯和升降平台分项工程应按表 D.0.10 进行记录。

表 D.0.10 无障碍电梯和升降平台分项工程检验批质量验收记录

工程名称		分项工程名称		验收部位	
施工单位		专业工长		项目经理	
施工执行标准名称及编号					
分包单位		分包项目经理		施工班组长	
主控项目		施工质量验收标准的规定	施工单位检查评定记录		监理(建设)单位验收记录
1	设备类型、设置位置和数量	应符合设计要求			
2	电梯厅宽度	应符合设计要求			
3	专用选层按钮	应符合设计要求			
4	电梯门洞外口宽度	应符合设计要求			
5	运行显示和提示音响信号装置	应符合设计要求			
6	轿厢规格和门净宽度	应符合设计要求			
7	门光幕感应和门全开闭间隔时间	应符合设计要求			
8	轿厢平台与楼层平层及水平间距	应符合设计要求			
9	镜子设置	应符合设计要求			
10	平台尺寸和栏杆	应符合设计要求			
11	平台按钮高度	应符合设计要求			
一般项目		施工质量验收标准的规定	施工单位检查评定记录		监理(建设)单位验收记录
护壁板高度		允许偏差(mm)			
		+3;0			
施工单位检查评定结果		项目专业质量检查员: 年 月 日			
监理(建设)单位验收结论		监理工程师(建设单位项目专业技术负责人): 年 月 日			

D.0.11 楼梯和台阶分项工程应按表 D.0.11 进行记录。

表 D.0.11 楼梯和台阶分项工程检验批质量验收记录

工程名称		分项工程名称		验收部位	
施工单位		专业工长		项目经理	
施工执行标准名称及编号					
分包单位		分包项目经理		施工班组长	
主控项目		施工质量验收标准的规定	施工单位检查评定记录		监理(建设)单位验收记录
1	面层材质	应符合设计要求			
2	结合层质量	应结合牢固、无空鼓			
3	楼梯的净空高度、楼梯和台阶的宽度	应符合设计要求			
4	安全挡台高度	应符合设计要求			
5	踏面凸缘的形状和尺寸	应符合设计要求			
6	雨水箅网眼尺寸	踏面凸缘的形状和尺寸			
一般项目		施工质量验收标准的规定	施工单位检查评定记录		监理(建设)单位验收记录
1	外观质量	不应有裂纹、麻面等缺陷			
	项目	允许偏差(mm)			
	踏步高度	−3;0			
	踏步宽度	+2;0			
2 平整度	水泥砂浆、水磨石	2			
	细石混凝土、橡胶弹性面层	2			
	水泥花砖	3			
	陶瓷类地砖	2			
	石板材	1			
3	相邻块高差	0.5			
施工单位检查评定结果		项目专业质量检查员: 年 月 日			
监理(建设)单位验收结论		监理工程师(建设单位项目专业技术负责人): 年 月 日			

D.0.12 轮椅席位分项工程应按表 D.0.12 进行记录。

表 D.0.12 轮椅席位分项工程检验批质量验收记录

工程名称		分项工程名称		验收部位	
施工单位		专业工长		项目经理	
施工执行标准名称及编号					
分包单位		分包项目经理		施工班组长	
主控项目		施工质量验收标准的规定	施工单位检查评定记录		监理(建设)单位验收记录
1	位置和数量	应符合设计要求			
2	面积	应符合设计要求,且不小于 1.10m×0.8m			
3	栏杆或栏板	应符合设计要求			
4	涂画和标志	应符合设计要求			
一般项目		施工质量验收标准的规定	施工单位检查评定记录		监理(建设)单位验收记录
1	陪同者席位	应符合设计要求			
	项目	允许偏差(mm)			
2 平整度	水泥砂浆、水磨石	2			
	细石混凝土、橡胶弹性面层	3			
	水泥花砖	3			
	陶瓷类地砖	2			
	石板材	1			
3	相邻块高差	0.5			
施工单位检查评定结果		项目专业质量检查员: 年 月 日			
监理(建设)单位验收结论		监理工程师(建设单位项目专业技术负责人): 年 月 日			

D.0.13 无障碍厕所和无障碍厕位分项工程应按表 D.0.13 进行记录。

表 D.0.13 无障碍厕所和无障碍厕位分项工程检验批质量验收记录

工程名称		分项工程名称		验收部位	
施工单位		专业工长		项目经理	
施工执行标准名称及编号					
分包单位		分包项目经理		施工班组长	
主控项目		施工质量验收标准的规定	施工单位检查评定记录		监理(建设)单位验收记录
1	面积和平面尺寸	应符合设计要求			
2	位置和数量	应符合设计要求			
3	洁具	应符合设计要求			
4	安全抓杆支撑力	应符合设计要求			
5	安全抓杆选型、安装位置	应符合设计要求			
6	轮椅回转空间	应符合设计要求			
7	求助呼叫系统	应符合设计要求			
8	洗手盆高度及净空尺寸	应符合设计要求			
一般项目		施工质量验收标准的规定	施工单位检查评定记录		监理(建设)单位验收记录
1	放物台材质、尺寸及高度	应符合设计要求			
2	挂衣钩安装部位及高度	应符合设计要求			
3	安全抓杆	应横平竖直,转角弧度应符合设计要求			
4	照明开关选型及安装高度	应符合设计要求			
5	灯具型号及照度	应符合设计要求			
	项目	允许偏差(mm)			
6 放物台	平面尺寸	+10			
	高度	−10;0			
7	挂衣钩高度	−10;0			
8	安全抓杆垂直度	2			
9	安全抓杆水平度	3			
施工单位检查评定结果		项目专业质量检查员: 年 月 日			
监理(建设)单位验收结论		监理工程师(建设单位项目专业技术负责人): 年 月 日			

D.0.14 无障碍浴室分项工程应按表 D.0.14 进行记录。

表 D.0.14 无障碍浴室分项工程检验批质量验收记录

工程名称		分项工程名称		验收部位	
施工单位		专业工长		项目经理	
施工执行标准名称及编号					
分包单位		分包项目经理		施工班组长	
主控项目	施工质量验收标准的规定	施工单位检查评定记录		监理(建设)单位验收记录	
1 面积和平面尺寸	应符合设计要求				
2 轮椅回转空间	应符合设计要求				
3 无障碍淋浴间座椅和安全抓杆	应符合设计要求				
4 无障碍盆浴间浴盆、洗浴坐台、安全抓杆	应符合设计要求				
5 安全抓杆支撑力	应符合设计要求				
6 求助呼叫系统	应符合设计要求				
7 洗手盆	应符合设计要求				
一般项目	施工质量验收标准的规定	施工单位检查评定记录		监理(建设)单位验收记录	
1 浴帘、毛巾架、淋浴器喷头安装高度	应符合设计要求				
2 安全抓杆	应横平竖直,转角弧度应符合设计要求				
3 照明开关选型及安装高度	应符合设计要求				
4 灯具型号及照度	应符合设计要求				
5 平整度	项目	允许偏差(mm)			
	水泥砂浆、水磨石	2			
	细石混凝土、橡胶弹性面层	3			
	水泥花砖	3			
	陶瓷类地砖	2			
	石板材	1			
6 相邻块高差	0.5				
7 浴帘、毛巾架、挂衣钩高度	−10;0				
8 淋浴器喷头高度	−15;0				
9 更衣台、洗手盆	平面尺寸	+10			
	高度	−10;0			
10 安全抓杆的垂直度	2				
11 安全抓杆的水平度	3				
施工单位检查评定结果	项目专业质量检查员:　　　　年 月 日				
监理(建设)单位验收结论	监理工程师(建设单位项目专业技术负责人):　　　　年 月 日				

D.0.15 无障碍住房和无障碍客房分项工程应按表 D.0.15 进行记录。

表 D.0.15 无障碍住房和无障碍客房分项工程检验批质量验收记录

工程名称		分项工程名称		验收部位	
施工单位		专业工长		项目经理	
施工执行标准名称及编号					
分包单位		分包项目经理		施工班组长	
主控项目	施工质量验收标准的规定	施工单位检查评定记录		监理(建设)单位验收记录	
1 平面布置和面积	应符合设计要求				
2 无障碍客房位置和数量	应符合设计要求				
3 求助呼叫系统	应符合设计要求				
4 家具和电器	应符合设计要求				
5 地面、墙面和轮椅回转空间	应符合设计要求				
6 操作台、吊柜、壁柜	应符合设计要求				
7 橱柜和挂衣杆	应符合设计要求				
8 阳台进深	应符合设计要求				
9 晾晒设施	应符合设计要求				
10 开关、插座	应符合设计要求				
11 通讯设施	应符合设计要求				
一般项目	施工质量验收标准的规定	施工单位检查评定记录		监理(建设)单位验收记录	
1 抽屉和柜门	应开关灵活,回位正确				
2 地面平整	项目	允许偏差(mm)			
	水泥砂浆、水磨石	2			
	细石混凝土、橡胶弹性面层	3			
	水泥花砖	3			
	陶瓷类地砖	2			
	石板材	1			
3 台柜	外形尺寸	3			
	立面垂直度	2			
	门直线度	2			
施工单位检查评定结果	项目专业质量检查员:　　　　年 月 日				
监理(建设)单位验收结论	监理工程师(建设单位项目专业技术负责人):　　　　年 月 日				

D.0.16 过街音响信号装置分项工程应按表 D.0.16 进行记录。

表 D.0.16 过街音响信号装置分项工程检验批质量验收记录

工程名称		分项工程名称		验收部位	
施工单位		专业工长		项目经理	
施工执行标准名称及编号					
分包单位		分包项目经理		施工班组长	
主控项目	施工质量验收标准的规定	施工单位检查评定记录		监理(建设)单位验收记录	
1 装置安装	立杆与基础有可靠的连接				
2 位置和高度	应符合设计要求				
3 音响间隔时间和声压级	应符合设计要求				
一般项目	施工质量验收标准的规定	施工单位检查评定记录		监理(建设)单位验收记录	
1 立杆垂直度	不大于柱高的 1/1000				
2 信号灯轴线	轴线与过街人行横道的方向应一致,夹角小于或等于 5°				
施工单位检查评定结果	项目专业质量检查员:　　　　年 月 日				
监理(建设)单位验收结论	监理工程师(建设单位项目专业技术负责人):　　　　年 月 日				

D.0.17 无障碍标志和盲文标志分项工程应按表 D.0.17 进行记录。

表 D.0.17 无障碍标志和盲文标志分项工程检验批质量验收记录

工程名称		分项工程名称		验收部位	
施工单位		专业工长		项目经理	
施工执行标准名称及编号					
分包单位		分包项目经理		施工班组长	
主控项目		施工质量验收标准的规定	施工单位检查评定记录	监理(建设)单位验收记录	
1	材质	应符合设计要求			
2	标志牌位置、规格和高度	应符合设计要求			
3	图形尺寸和颜色	应符合国际通用无障碍标志的要求			
4	盲文铭牌位置、规格和高度	应符合设计要求			
5	盲文铭牌制作	应符合设计和国际通用无障碍标志的要求			
6	盲文地图位置、规格和高度	应符合设计要求			
一般项目		施工质量验收标准的规定	施工单位检查评定记录	监理(建设)单位验收记录	
1	标志牌安装	应安装牢固、平正			
2	盲文铭牌和地图	表面应洁净、光滑、无裂纹、无毛刺			
3	发光标志	应符合设计要求			
施工单位检查评定结果	项目专业质量检查员: 　　　　　　年 月 日				
监理(建设)单位验收结论	监理工程师(建设单位项目专业技术负责人): 　　　　　　年 月 日				

附录 E　无障碍设施维护人维护范围

表 E　无障碍设施维护人维护范围

工程类别	无障碍设施维护人	设施类别
道路 城市广场 城市园林	市政设施维护单位、市容管理单位、园林设施维护单位、环卫设施维护单位	缘石坡道
		盲道
		轮椅坡道
		无障碍通道
		无障碍出入口
		扶手
		人行天桥和人行地道的无障碍电梯和升降平台
		楼梯和台阶
		公共厕所
		无障碍标志和盲文标志
	交通设施维护单位	无障碍停车位
		过街音响信号装置
建筑物 住宅区	产权所有人或其委托的物业管理单位	盲道
		轮椅坡道
		无障碍通道
		无障碍停车位
		无障碍出入口
		低位服务设施
		扶手
		门
		无障碍电梯和升降平台
		楼梯和台阶
		轮椅席位
		无障碍厕所和无障碍厕位
		无障碍浴室
		无障碍住房和无障碍客房
		无障碍标志和盲文标志

附录 F　无障碍设施检查记录表

F.0.1 无障碍设施系统性检查按表 F.0.1 进行记录。

表 F.0.1　无障碍设施系统性检查记录表

编号:

单位工程名称		检查范围	
系统性缺损类别	缺损情况		备注
由于新建、扩建和改建,各单位工程包含的缘石坡道、盲道、无障碍出入口、轮椅坡道、无障碍通道、楼梯和台阶、无障碍电梯和升降平台、过街音响信号装置、无障碍标志和盲文标志等无障碍设施出现缺损			
单位工程之间无障碍通道接口、行走路线发生改变或出现阻断、永久性的占用			
无障碍设施系统性评价			

检查人:　　　　　　　　　　　　　　检查日期:　　年 月 日

F.0.2 无障碍设施功能性检查按表 F.0.2 进行记录。

表 F.0.2　无障碍设施功能性检查记录表

编号:

单位工程名称		检查部位	
功能性缺损类别	缺损情况		备注
裂缝、变形和破损			
松动、脱落和缺失			
故障			
磨损			
褪色			
抗滑性能下降			
单位工程无障碍设施功能性评价			

检查人:　　　　　　　　　　　　　　检查日期:　　年 月 日

F.0.3 无障碍设施一般性检查应按表 F.0.3 进行记录。

表 F.0.3 无障碍设施一般性检查记录表

编号：

单位工程名称		检查范围	
无障碍设施的位置或部位	占用或者污染情况		备注
单位工程无障碍设施一般性评价			

检查人：　　　　　　　　　　　　　检查日期：　　年　月　日

附录 G　无障碍设施维护记录表

表 G　无障碍设施维护记录表

编号：

单位工程名称		维护部位	
对应检查表单号		维护类型	□系统性 □功能性 □一般性
维护情况			
	维护人员：　　　　　　维护日期：　　　年　月　日		
验收情况			
	验收人员：　　　　　　验收日期：　　　年　月　日		

本规范用词说明

1 为便于在执行本规范条文时区别对待，对要求严格程度不同的用词说明如下：
　　1）表示很严格，非这样做不可的：
　　　　正面词采用"必须"，反面词采用"严禁"；
　　2）表示严格，在正常情况下均应这样做的：
　　　　正面词采用"应"，反面词采用"不应"或"不得"；
　　3）表示允许稍有选择，在条件许可时首先应这样做的：
　　　　正面词采用"宜"，反面词采用"不宜"；
　　4）表示有选择，在一定条件下可以这样做的，采用"可"。
2 条文中指明应按其他有关标准执行的写法为："应符合……的规定"或"应按……执行"。

引用标准名录

《建筑工程施工质量验收统一标准》GB 50300
《道路交通信号灯设置与安装规范》GB 14886
《道路交通信号灯》GB 14887
《中国盲文》GB/T 15720
《道路交通标志和标线》GB 5768
《涂附磨具用磨料　粒度分析　第 2 部分：粗磨粒 P12～P220 粒度组成的测定》GB/T 9258.2
《城市道路工程施工与质量验收规范》CJJ 1
《城镇道路养护技术规范》CJJ 36
《公园设计规范》CJJ 48
《橡塑铺地材料　第 1 部分　橡胶地板》HG/T 3747.1
《橡塑铺地材料　第 2 部分　橡胶地砖》HG/T 3747.2
《橡塑铺地材料　第 3 部分　阻燃聚氯乙烯地板》HG/T 3747.3
《涂附磨具　耐水砂纸》JB/T 7499

中华人民共和国国家标准

无障碍设施施工验收及维护规范

GB 50642—2011

条 文 说 明

制 定 说 明

《无障碍设施施工验收及维护规范》GB 50642—2011，经住房和城乡建设部 2010 年 12 月 24 日以第 886 号公告批准发布。

为便于广大建设、设计、监理、施工、科研、学校等单位以及无障碍设施维护单位有关人员在使用本标准时能正确理解和执行条文规定，《无障碍设施施工验收及维护规范》编制组按章、节、条顺序编制了本标准的条文说明，对条文规定的目的、依据以及执行中需注意的有关事项进行了说明。但是，本条文说明不具备与标准正文同等的法律效力，仅供使用者作为理解和把握标准规定的参考。

目　次

1 总 则

1.0.1、1.0.2 我国无障碍设施的建设首先是从无障碍设计规范的提出和制定开始的。20 多年来，经过修订和配套，设计规范体系基本上建立起来。在施工和维护方面虽然不少地方出台了相关的管理办法、施工标准图集和技术规程，但一直没有一部全国性的施工验收和维护标准。为此，有必要编制无障碍设施的施工验收阶段的验收规范和使用阶段的检查维护规范。在施工阶段将无障碍设施在建设项目工程中单独作为分项工程或检验批组织质量验收，并在使用阶段将无障碍设施按照一定的期限进行系统性、功能性和一般性检查，根据检查情况进行系统性、功能性和一般性维护。以保证无障碍设施施工质量、安全要求和使用功能，这在全国尚属首创。本规范的制定对加强全国无障碍设施的建设和管理将具有积极的推动作用。

对于新建的项目，各地的管理规定要求无障碍设施与建设项目同步设计、同步施工、同步验收。设计和验收是无障碍建设的两个关键的控制环节。设计图纸通过严格的施工图审查可以达到要求。但新建的项目中仍然存在无障碍设施不规范、不系统的问题，很重要的一个原因是在工程竣工验收时，对无障碍设施的验收没有得到足够的重视，另外也没有专门的施工验收标准作为依据。2008 年住房和城乡建设部以"关于印发《2008 年工程建设标准规范制定、修订计划（第一批）》的通知"（建标〔2008〕102 号）正式下达了制定计划。2008 年 11 月 15 日，编制工作首次会议将这部规范定名为《无障碍设施施工维护规范》（下称本规范），要求编制内容主要为无障碍设施的施工验收标准和维护标准。2009 年 8 月 6 日，主编单位在北京召开本规范的专家征求意见座谈会，经征求全部部分无障碍建设专家的意见，将规范改名为《无障碍设施施工验收及维护规范》。由于信息无障碍建设的历史相对比较短，建设方面的经验尚需进一步积累，因此此规范没有涉及。本规范采取以无障碍建设要素分类方式叙述施工和验收的要求。分类系参照现行行业标准《城市道路和建筑物无障碍设计规范》JGJ 50（下文中简称设计规范）以及正在修改的设计规范的初步分类，还参考了《无障碍建设指南》和其他地方规程的分类方式，本规范将部分要素进行了合并，分为 17 类。基本涵盖了目前无障碍设施建设的内容。对于无障碍设施的维护，本规范按照检查的频次和设施损坏的类别叙述维护要求。

适用对象方面，按照最新的无障碍设施建设"以人为本，全民共享"的理念，强调公共设施应该为全社会成员服务的思想。采用"残疾人、老年人等社会特殊群体"来反映主要适用对象的特征。

适用范围方面，考虑到原设计规范中未包含公园等场所，而这些场所又是人群密集区域，因此根据专家意见和正在修改的设计规范，将适用范围修改为城市道路、建筑物、居住区、公园等场所的无障碍设施的施工验收和维护管理。

1.0.3 本条说明了无障碍设施施工和维护所应该遵循的原则。

1.0.4 各地条例、管理办法对无障碍设施的建设均要求做到"三同时"，即无障碍设施必须与主体工程同步设计、同步实施、同步投入使用，因此本规范对施工和交付阶段提出同步要求。由于无障碍设施在建筑工程中处于从属地位，不少设施在工程交付后或二次装修阶段另行施工，这样极不利于施工过程的控制，设施配套的时间和质量往往都不能满足使用要求。

无障碍设施的设计虽然已经作为城市道路和建筑设计的重要组成部分，但无障碍设施的施工和维护要求体现在城市道路和建筑物施工验收和养护规范的各分部、分项工程中，这样既不利于无障碍设施的系统性建设，还往往使无障碍设施在工程验收中得不到应有的重视。本条旨在通过对设施施工和维护工作的独立性的强调，加强对无障碍设施的施工和维护管理。

1.0.5 本条阐明了本规范与其他标准、规范、规程的关系。属于城市道路和建筑物一般工程施工的质量应按照相关规范验收。属于城市道路一般养护应按照相关技术规范执行。本规范着重规定属于无障碍设施要素特殊要求的施工验收和维护要求。

2 术 语

本章给出的术语，是本规范有关章节中所引用的。术语是从本规范的角度赋予含义的，不一定是术语的定义。同时还分别给出了相应的推荐性英文。为了使用方便，在国家或行业相关规范中已经明确的术语没有列出，例如缘石坡道、盲道、无障碍出入口、无障碍厕所等；检验批、主控项目、一般项目等与验收相关的重要术语已在验收统一标准中明确，本章没有列出。

2.0.3 参照现行行业标准《地面石材防滑性能等级划分及试验方法》JC/T 1050—2007 制定。

2.0.4 参照现行行业标准《公路路基路面现场测试规程》JTGE 60—2008 和北京地方标准《建筑装饰工程石材应用技术规程》DB11/T 512—2007 制定。

2.0.6 "盲文标志"参照《无障碍建设指南》采用。《无障碍建设指南》将盲文标志分为盲文地图、盲文铭牌和盲文站牌三种。现行行业标准《城市道路和建筑物无障碍设计规范》JGJ 50 中第 7.6.3 条称为"盲文说明牌"。本规范采用指南初稿的用词。根据现行国家标准《中国盲文》GB/T 15720，盲字亦称点字，是以六个凸点为基本结构，按一定规则排列，靠触感受的文字。根据《现代汉语词典》铭牌的定义为："装在机器、仪表、机动车等上面的金属牌子。"可以认为"盲文铭牌"是一个新的组合词。

2.0.7 根据目前设计规范要求，求助呼叫按钮主要设置在无障碍厕所、无障碍厕位、无障碍盆浴间、无障碍淋浴间、无障碍住房和无障碍客房内。厕所或浴室的按钮应设在方便残疾人、老年人等社会特殊人群坐在便器上伸手能操作，或是摔倒在地面上也能操作的位置。卧室内一般设置在床边，方便残疾人、老年人等社会特殊人群躺在床上伸手能够操作的位置。

3 无障碍设施的施工验收

3.1 一般规定

3.1.1 本规范适用于施工阶段，是以符合国家相关法规、规范和标准的设计图纸完成为起点的。本条根据《建设工程质量管理条例》第二十三条："设计单位应当就审查合格的施工图设计文件向施工单位作出详细说明"，对无障碍设计部分提出专门交底的要求。建设单位、设计单位、检测单位、施工图审查单位、政府工程质量监督单位在建设和设计过程中，对于无障碍设施建设和设计所应该承担的职责由相关的管理办法、条例和设计规范规定。

3.1.2 本条是对无障碍设施施工单位的基本资质和能力提出要求。施工企业应按《施工企业资质管理规定》承接相应的工程。

3.1.3 监理实施细则一般结合工程项目的专业特点由专业监理工程师编制。无障碍设施的要素散布在从工程主体、装饰装修到设备安装的各专业中，通常在整个专业工程中所占的份额非常小，极易被忽视。但是如果不进行必要的事前控制和过程监督，在设施完工时，有些问题的整改已不可能或者非常不经济。本条根据现行国家标准《建设工程监理规范》GB 50319—2000，对无障碍设施的监理提出专项监理的要求。

3.1.4 根据对各地调研发现，存在施工单位按照未通过施工图审查的图纸和未通过设计认可的变更、洽商施工，造成工程竣工时，无障碍设施不符合规范要求的情况。制定本条旨在从施工这个环节上来控制设计变更和洽商对无障碍设施建设的影响，当变更和洽商有悖于规范要求时，施工单位可以依据《建设工程质量管理条例》第二十八条提出意见和建议。

3.1.5 长期以来，施工方案编制的施工方法和技术措施一般是围绕着分部工程进行的。而无障碍设施与各分部工程之间存在着复合性和从属性，在分部工程中往往被忽视。在方案中，施工单位不会对无障碍设施的施工进行专门的阐述，无障碍设施施工的要求也不明晰，从而施工中得不到应有的重视。因此，有必要在施工之前对单位工程的全部无障碍设施的施工进行统一的策划和安排。

3.1.6、3.1.7 这两条规定是为保证施工方案和技术措施能够得到贯彻的条件。安全、技术交底包含了安全生产、技术和质量交底的内容。

3.1.8 本条反映了国家、行业相关规范中无障碍设施消防方面的要求。由于残疾人、老年人等社会特殊人群是弱势群体。因此，消防设施完善更为重要。

3.1.10 随着装修装饰档次的提高，地面大量采用光面材料施工，致使人员滑倒的隐患日益增加，防滑要求成为无障碍设施最重要指标之一。

由于目前国内缺乏对于地面防滑要求的标准，本规范考虑可以从抗滑系数和抗滑摆值两个参数来测定地面的抗滑性能。

参照国家现行标准《地面石材防滑性能等级划分及试验方法》JC/T 1050—2007 和《体育场所开放条件与技术要求　第1部分：游泳场所》GB 19079.1—2003 和《城市道路设计规范》CJJ 37—90、《公路养护技术规范》JTJ 073—96 以及北京地方标准《建筑装饰工程石材应用技术规程》DB11/T 512—2007，根据不同地面环境、坡度和干湿情况本规范分别给出的定量标准参考值如下：缘石坡道、盲道、坡道、无障碍出入口、无障碍通道、楼梯和台阶踏面等涉及通行的面层抗滑性能应符合设计和相关规范要求。其面层的抗滑系数不小于0.5。面层抗滑指标应符合表1的规定。

表1　面层表面抗滑指标表

抗滑摆值	室　外		室　内		
	缘石坡道、盲道、无障碍出入口、无障碍通道、楼梯和台阶、无障碍停车位		无障碍出入口、无障碍通道、楼梯和台阶、轮椅席位		
			厕所、浴间、饮水机处等易浸水地面		干燥地面
	坡面	平面	坡面	平面	
F_B(BPN)	$F_B{\geqslant}55$	$F_B{\geqslant}45$	$F_B{\geqslant}55$	$F_B{\geqslant}45$	$F_B{\geqslant}35$

3.1.11 本条第1款是考虑到无障碍各分项工程验收均纳入到这两项国家标准的分部工程之中而制定的。

第2款为设计和相关规范要求之间的协调原则。当施工单位发现设计和相关规范要求与相关规范抵触时，应及时通过图纸会审、洽商等方式提出意见和建议。

第3款～第8款，无障碍设施的验收思路是：根据工程规模的大小和使用功能，将单位工程中包含的无障碍设施，定位为对应于各分部工程的分项工程。分项工程划分为若干检验验收批，将无障碍设施的基本要求设定为分项工程的主控项目和一般项目。通过对分项工程检验验收批的主控项目和一般项目进行验收，来验收分项工程；分项工程验收后，后续分部工程和单位工程的验收可以根据国家现行验收规范进行。

无障碍设施按照要素分为17个分项工程，主要对应于国家现行标准《城市道路工程施工与质量验收规范》CJJ 1—2008 中面层、人行道和广场与停车场3个分部工程，以及《建筑工程施工质量验收统一标准》GB 50300—2001 中建筑装修装饰、道路、无障碍电梯和升降平台、建筑电气、建筑给水排水和采暖和智能建筑6个分部工程。

例如：某工程是一个综合性的大型医院。无障碍设施至少包含盲道、无障碍出入口、轮椅坡道、无障碍通道、楼梯和台阶、扶手、无障碍电梯和升降平台、门、无障碍厕所和无障碍厕位、无障碍浴室、无障碍停车位、低位服务设施以及无障碍标志和盲文标志13

个分项工程。而低位服务设施又应该包括服务台、挂号和交费处、取药处、低位电话、查询台和饮水器等检验批。在施工之前施工单位进行专题策划，编制相应的无障碍设施施工方案，方案中应针对不同工程对分项工程和检验批进行划分。

其中第4款对验收组织者的要求是：实行监理的工程时，由监理工程师组织；未实行监理的工程由建设单位项目技术负责人组织。

第9款～第11款，这三款是对涉及通行地面施工和验收的基本要求。

3.1.12 安全抓杆对残疾人、老年人等社会特殊群体的人身安全有重要意义，因此本条设为强制性条文，必须严格执行。

3.1.14 本条规定不能满足安全和使用要求的无障碍设施不能验收，对已经完工且无法更改的情况，应采取替代方案，以确保通过竣工验收的工程，其包含的无障碍设施满足功能性要求。本条为强制性条文，必须严格执行。

3.1.15 不合格的无障碍设施有时本身是一种障碍，并且可能对使用者造成伤害。

3.2　缘石坡道

3.2.1 本条所指的整体面层是用水泥混凝土、沥青混合料材料整体现浇而成的面层。而板块面层是指用预制砌块、陶瓷类地砖、石板材、块石等板材、块材铺砌而成的面层。缘石坡道变坡分界线应准确放样，其坡度、宽度及坡道下口与缓冲地带地面的高差应符合设计和相关规范要求及表2的规定。

表2　缘石坡道坡度、宽度及高差限值

项　目		限　值
坡度	三面坡缘石坡道正面和侧面	≤1∶12
	其他形式的缘石坡道	≤1∶20
宽度	三面坡缘石坡道的正面坡道	≥1.2m
	扇面式缘石坡道下口宽度	≥1.5m
	转角处缘石坡道上口宽度	≥2.0m
	其他形式的缘石坡道	≥1.2m
坡道下口与车行道地面的高差 S(mm)		0≤S≤10mm

根据设计规范的要求，单面坡缘石坡道的坡度、宽度及坡道下口与缓冲地带地面的高差如图1所示；其他形式的缘石坡道见设计规范。

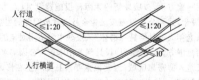

图1　单面坡缘石坡道(mm)

Ⅱ　整体面层验收的一般项目

3.2.7 压实度指标是参照现行行业标准《城镇道路工程施工与质量验收规范》CJJ 1 给出的，主要适用于和人行道同时铺筑和碾压的全宽式单面缘石坡道。对于宽度不足以采用机械碾压的坡道面层，其压实度应符合设计要求。

3.2.9 平整度指标系由《城镇道路工程施工与质量验收规范》CJJ 1 中对应采用3m靠尺量测指标换算而来。井框与路面高差，对于混凝土面层，《城镇道路工程施工与验收规范》CJJ 1 中表10.8.1 的允许偏差值为≤3mm；对于沥青混合料面层，《城镇道路工程施工与验收规范》CJJ 1 中表13.4.3 的允许偏差值为≤5mm，给排水验收规范 GB 50268 中的允许偏差值为(-5,0)mm。考虑到有利于包括残疾人、老年人等社会特殊人群的行走，分别采用

≤3mm 和（—5，0）mm。

Ⅳ 板块面层验收的一般项目

3.2.18 板块面层的质量验收指标较多，本条列出的是与无障碍设施有关的 3 项指标。

3.3 盲　道

3.3.1 本节中的预制盲道砖（板）是指预制混凝土盲道砖、石材类盲道板、陶瓷类盲道板，其他型材的盲道板是指常用的聚氯乙烯、不锈钢型材盲道（下同）。盲道采用的材料很多，包括本规范规定的一些，另外还有铜质类、磁性类、复合材料类等，不能一一规定。型材的规格，除盲道板和盲道片外，也有将触感条和触感圆点直接固定于地面装饰完成面之上的。但盲道材料应符合国家和行业现行相关建筑用材料的标准，触感盲条和盲点的规格应符合本规范第 3.3.5 条的规定。

3.3.2 强调盲道建设的系统性，特别是不同建设单位工程项目之间的衔接部位，易为各自的设计和施工单位所忽视，造成盲道的不通畅。根据调研发现，按照设计要求避免盲道通过检查井，致使盲道多处出现转折或 S 形弯折，极不利于视力残疾者使用。但我国各种管线、杆线、树池或人行道上的设施建设分属不同部门管理，且在施工程序上也有先后交错。市政工程建设很难将盲道的顺直将各专业统一到同一设计图纸上。因此建设单位、负责路面设计的单位、监理单位和总承包施工单位，应在施工前综合考虑选择设置盲道的位置。

盲道的调整应根据实际要求以及道路状况慎重进行，宜多设提示盲道，严格控制行进盲道的设置。行进盲道的调整应考虑到人行道的人行净宽度、障碍物和检查井分布等情况对视障者安全行进的影响和带来的安全隐患。不少专家倾向于，当人行道宽度较小（如≤3m）和行走宽度较小（如≤1.5m），或者在人行道外侧有连续绿化带、立缘石的情况下，可以不设行进盲道。一般在这种情况下，视障者是可以按照原有的行走方式，通过盲杖的协助顺利通行的。

3.3.3 由于人行道上管线井盖难以避让，各地的设计人员对将盲道和井盖结合设计进行了有益的尝试，如设置触感条作为行进盲道的一部分。

Ⅰ 预制盲道砖（板）盲道验收的主控项目

3.3.5 根据设计规范，"盲道的颜色宜为中黄色"。
　　本条中行进盲道规格如图 2 所示；提示盲道规格如图 3 所示。

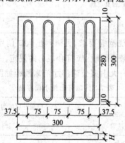

图 2　行进盲道规格（mm）

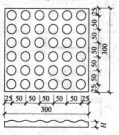

图 3　提示盲道规格（mm）

3.3.7 根据设计规范要求，行进盲道和提示盲道的宽度宜为 0.30m～0.60m；行进盲道的起点、终点及转弯处设置的提示盲道的长度应大于行进盲道的宽度。行进盲道和提示盲道改变走向时的几种布置形式如图 4 所示。

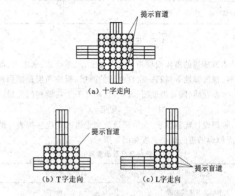

（a）十字走向

（b）T字走向　　　　（c）L字走向

图 4　行进盲道和提示盲道改变走向时的几种布置形式

3.3.8 根据设计规范要求，行进盲道与障碍物的距离应为 0.25m～0.50m。

Ⅱ 预制盲道砖（板）盲道验收的一般项目

3.3.12 纵缝顺直分别根据国家现行标准《城镇道路工程施工与质量验收规范》CJJ 1 和《建筑地面工程施工质量验收规范》GB 50209 对室内外不同的地面面层，采用不同的检验方法。

Ⅲ 橡塑类盲道验收的主控项目

3.3.14 本条适用于以橡胶为主要原料生产的均质和非均质的盲道片。均质盲道片是以天然橡胶或合成橡胶为基础、颜色、组成一致的单层或多层结构硫化而成的；非均质盲道片是以天然橡胶或合成橡胶为基础，由一层耐磨层以及其他组成和（或）设计上不同的、包含骨架层的压实层构成的块料。

3.3.15 本条适用于由橡胶颗粒经处理着色后采用胶粘剂包覆混合，再压制而成的盲道片。

3.3.16 本条适用于以聚氯乙烯为主要原料，加入增塑剂和其他助剂，经挤出工艺生产的软质非发泡阻燃盲道片。

Ⅴ 不锈钢盲道验收的主控项目

3.3.26 在固溶态，不锈钢 06Cr19Ni10 的塑性、韧性、冷加工性良好，在氧化性酸和大气、水等介质中耐蚀性好，但在敏态或焊接后有晶腐倾向，适于制造深冲成型部件。

3.4 轮椅坡道

3.4.1 本节中整体面层是指细石混凝土、水泥砂浆、橡胶弹性面层和沥青混合料整体浇筑的轮椅坡道面层。板块面层是指水泥花砖、陶瓷类地砖和石板材铺砌的轮椅坡道面层。

3.4.5 根据设计规范要求，轮椅坡道临空侧面的安全挡台高度不小于 50mm。
　　根据设计规范要求，不同位置的坡道，其坡度和宽度应符合表 3 的规定：

表 3　不同位置的坡道坡度和宽度

坡道位置	最大坡度	最小宽度（m）
有台阶的建筑入口	1∶12	≥1.20
只设坡道的建筑入口	1∶20	≥1.50
室内走道	1∶12	≥1.00
室外通道	1∶20	≥1.50

根据设计规范要求，轮椅坡道在不同坡度的情况下，坡道高度和水平长度应符合表 4 的规定：

表 4　不同坡度高度和水平长度

坡度	1:20	1:16	1:12
最大高度(m)	1.50	1.00	0.75
水平长度(m)	30.00	16.00	9.00

3.5　无障碍通道

3.5.1　本节所述的整体面层指水泥混凝土、水泥砂浆、水磨石、沥青混合料、橡胶弹性等材料一次性浇注的面层;板块面层是指用预制砌块、水泥花砖、陶瓷类地砖、石板材、块石等块料铺砌的面层。

Ⅰ　主 控 项 目

3.5.6　根据设计规范要求,无障碍通道和走道的宽度应按表 5 的规定。无障碍通道的最小宽度如图 5 所示。

表 5　轮椅通行最小宽度

建筑类别	最小宽度(m)
大中型公共建筑走道	≥1.80
中小型公共建筑走道	≥1.50
检票口、结算口轮椅通道	≥0.90
居住建筑走廊	≥1.20
建筑基地人行通道	≥1.50

3.5.7　根据设计规范要求,从墙面伸入走道的突出物不应大于 0.10m,距地面高度应小于 0.60m;园路边缘种植不宜选用硬质叶片的丛生型植物;路面范围内的乔、灌木枝下净空不得低于 2.2m;乔木种植点距路缘应大于 0.5m。

3.5.9　根据设计规范要求,门扇向走道内开启时应设凹室,凹室面积不应小于 1.30m×0.90m。通道的凹室如图 6 所示。

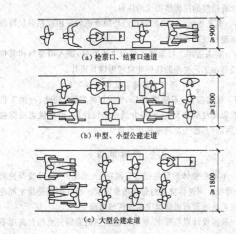

(a) 检票口、结算口通道

(b) 中型、小型公建走道

(c) 大型公建走道

图 5　无障碍通道最小宽度(mm)

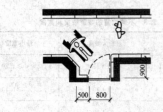

图 6　走道的凹室(mm)

3.5.11　根据设计规范要求,通道内光照度不应小于 120lx。

Ⅱ　一 般 项 目

3.5.13　根据设计规范要求,护墙板高度为 0.35m。

3.6　无障碍停车位

Ⅰ　主 控 项 目

3.6.4　根据设计规范要求,距建筑入口及车库最近的停车位置,应划为无障碍停车车位。

3.6.5　根据设计规范要求,无障碍停车位一侧应设宽度大于或等于 1.20m 的轮椅通道。无障碍停车位及轮椅通道如图 7 所示。

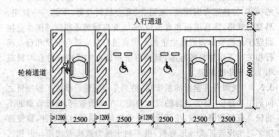

图 7　无障碍停车位及轮椅通道(mm)

3.6.6　根据设计规范要求,无障碍停车位的地面应漆画停车线、轮椅通道线和无障碍标志,在无障碍停车位的尽端宜设无障碍标志牌。

Ⅱ　一 般 项 目

3.6.7　根据设计规范要求,无障碍停车位地面坡度不应大于 1:50。

3.7　无障碍出入口

Ⅰ　主 控 项 目

3.7.7　根据设计规范的要求,无障碍出入口平台宽度应符合表 6 的规定。

表 6　无障碍出入口平台宽度表

建筑类别	无障碍出入口平台最小宽度(m)
大中型公共建筑	≥2.00
小型公共建筑	≥1.50
中高层建筑、公寓建筑	≥2.00
多低层无障碍建筑、公寓建筑	≥1.50
无障碍宿舍建筑	≥1.50

3.7.8　根据设计规范的要求,无障碍出入口门厅、过厅设两道门时,门扇同时开启最小间距,应符合表 7 的规定。小型公建门厅门扇间距如图 8 所示;大中型公建门厅门扇间距如图 9 所示。

表 7　门扇开启最小间距表

建筑类别	门扇开启后的最小间距(m)
大中型公共建筑	≥1.50
小型公共建筑	≥1.20
中、高层建筑、公寓建筑	≥1.50
多、低层无障碍住宅、公寓建筑	≥1.20

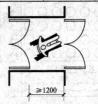

图 8　小型公建门厅门扇间距(mm)

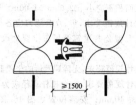

图 9 大中型公建门厅门扇间距(mm)

3.8 低位服务设施

Ⅰ 主控项目

3.8.4 根据《无障碍建设指南》要求,服务设施离地面高度宜为0.70m~0.80m,宽度不宜小于1.00m。

3.8.5 根据《无障碍建设指南》要求,服务设施下方净高不应小于0.65m,净深不应小于0.45m。

3.9 扶 手

Ⅰ 主控项目

3.9.3 扶手对于残疾人、老年人等社会特殊群体的人士上下楼梯、台阶和行走有重要的作用。工程施工中,扶手分项工程可能由专业的队伍来制作和安装,也可能在工程竣工后由其他单位安装。不少地方的扶手强度、刚度不能满足要求,特别是安装不牢固,给使用者带来不便甚至危险。本条旨在强调对二次施工阶段的质量控制。

3.9.4 根据设计规范要求,扶手高度为0.85m;设双层扶手时,上层扶手高度为0.85m;下层扶手高应为0.65m。扶手内侧与墙面的距离应为40mm~50mm。根据设计规范,扶手截面尺寸应符合表8的要求。扶手截面及托件的形状、尺寸如图10所示。

表 8 扶手截面尺寸

类 别	截面尺寸(mm)
圆形扶手	35~45(直径)
矩形扶手	35~45(宽度)

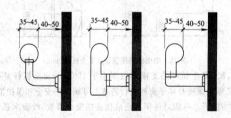

图 10 扶手截面及托件(mm)

3.9.5 根据设计规范要求,扶手起点和终点处延伸应大于或等于0.30m,扶手末端应向内拐到墙面,或向下延伸0.10m。

3.9.6 根据设计规范要求,交通建筑、医疗建筑和政府接待部门等公共建筑,在扶手的起点和终点处应设盲文铭牌。

3.10 门

Ⅰ 主控项目

3.10.4 根据设计规范要求,门的选型应符合下列规定:

1 应采用自动门,也可采用推拉门、折叠门或平开门,不应采用力度大的弹簧门。

2 在旋转门一侧应另设包括残疾人、老年人等社会特殊人群使用的门。

3 无障碍厕所和无障碍浴室应采用门外可应急开启的门插销。

4 无障碍厕位门扇向外开启后,入口净宽不应小于0.8m,门扇内侧应设关门拉手。

3.10.5 根据设计规范要求,门的净宽应符合表9的规定。

表 9 门的净宽

类 别	净宽(m)
自动门	≥1.00
推拉门、折叠门	≥0.80
平开门	≥0.80
弹簧门(小力度)	≥0.80

3.10.6 根据设计规范要求,推拉门、平开门把手一侧的墙面,应留有不小于0.5m的墙面宽度。如图11所示。

图 11 门把手一侧墙面宽度图(mm)

3.10.9 根据设计规范要求,门槛高度及门内外地面高差不应大于15mm,并应以斜面过渡。

3.11 无障碍电梯和升降平台

Ⅰ 主控项目

3.11.5 根据设计规范要求,无障碍电梯厅宽度不宜小于1.80m。无障碍电梯的候梯厅如图12所示。

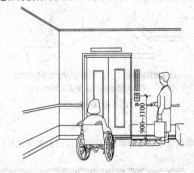

图 12 无障碍电梯候梯厅(mm)

3.11.6 根据设计规范要求,专用选层按钮高度宜为0.90m~1.10m。轿厢侧面选层按钮应带有盲文。无障碍电梯的轿厢如图13所示。

图 13 无障碍电梯轿厢

3.11.7 根据设计规范要求,无障碍电梯门洞净宽度不宜小于0.90m。

3.11.8 根据设计规范要求，无障碍电梯厅和轿厢内应有清晰显示轿厢上、下运行方向和层数位置及无障碍电梯提示音响。

3.11.9 根据设计规范要求，轿厢深度大于或等于1.40m。轿厢宽度大于或等于1.10m。无障碍电梯门开启净宽度大于或等于0.80m。

3.11.10 根据《无障碍建设指南》要求，门扇关闭时应有光幕感应安全措施，门开闭的时间间隔不应小于15s。

3.11.11 根据设计规范要求，轿厢正面高0.90m处至顶部应安装镜子或不锈钢镜面。

3.11.12 根据设计规范要求，升降平台的面积不应小于1.20m×0.90m。

Ⅱ 一般项目

3.11.14 轿厢内壁下部宜设高度不小于350mm的护壁板。

3.12 楼梯和台阶

3.12.1 本节中的整体面层是指细石混凝土、水泥砂浆现浇的面层或水磨石、橡胶弹性的楼梯和台阶面层。板块面层是指水泥花砖、陶瓷类地砖、石板材铺砌的楼梯和台阶的面层。

Ⅰ 主控项目

3.12.9 根据设计规范要求，楼梯和台阶踏步的宽度和高度应符合表10的规定：

表10 楼梯和台阶踏步的宽度和高度

建筑类别	最小宽度(m)	最大高度(m)
公共建筑楼梯	0.28	0.15
住宅、公寓建筑公用楼梯	0.26	0.16
幼儿园、小学校楼梯	0.26	0.14
室外台阶	0.30	0.14

3.12.11 根据设计规范要求，楼梯和台阶的踏步面不应采用无踢面和凸缘为直角形的踏步面。当采用圆形凸缘时，凸缘的突出长度不应大于10mm。如图14所示。

(a) 无踢面的踏步　(b) 凸缘为直角形的踏步

图14 无踢面踏步和凸缘为直角形的踏步

3.13 轮椅席位

Ⅰ 主控项目

3.13.4 根据设计规范的要求，轮椅席位的设置位置和面积如图15所示。

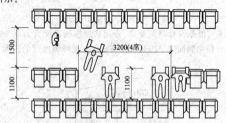

图15 轮椅席位位置和面积(mm)

Ⅱ 一般项目

3.13.7 根据《无障碍建设指南》要求，轮椅席位旁宜设置不少于1席供陪同者使用的座位。

3.14 无障碍厕所和无障碍厕位

Ⅰ 主控项目

3.14.4 根据设计规范要求，无障碍专用厕所面积应大于或等于2.00m×2.00m；新建无障碍厕位面积不应小于1.80m×1.40m，

改建无障碍厕位面积不应小于2.00m×1.00m。

3.14.5 根据设计规范要求，男、女公厕内应各设一个无障碍厕位；政府机关和大型公共建筑及城市主要地段，应设无障碍厕所。

3.14.6 根据设计规范要求，无障碍厕所的坐便器高为0.45m。

3.14.7 根据设计规范要求，安全抓杆直径应为30mm～40mm。其内侧应距墙面40mm。安装位置如图16、图17和图18所示。

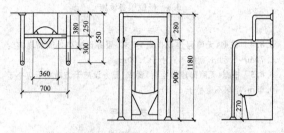

图16 落地式小便器安全抓杆(mm)

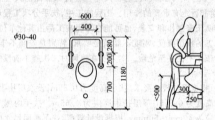

图17 悬臂式小便器安全抓杆(mm)

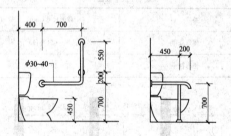

图18 坐便器两侧固定式安全抓杆(mm)

3.14.8 安全抓杆的支撑力应不小于100kg。安全抓杆是残疾人、老年人保持身体平衡和进行转移不可缺少的安全和保护措施。支撑力的不足可能对使用者造成伤害或安全事故，故设本条为强制性条文，必须严格执行。

3.14.10 根据设计规范要求，距地面高0.40m～0.50m处应设求助呼叫按钮。

3.14.11 根据设计规范要求，台式洗手盆下方的净空尺寸高、宽、深应不小于0.65m×0.70m×0.45m。

Ⅱ 一般项目

3.14.12 根据设计规范要求，放物台面长、宽、高为0.80m×0.50m×0.60m，台面宜采用木制品或革制品。

3.14.13 根据设计规范要求，挂衣钩高为1.20m。

3.14.15 根据设计规范要求，电器照明开关应选用搬把式，高度应为0.90m～1.10m。

3.15 无障碍浴室

Ⅰ 主控项目

3.15.4 根据设计规范要求，在门扇向外开启时，无障碍淋浴间不

应小于 3.5m²，浴间短边净宽度不应小于 1.50m；无障碍盆浴间不应小于 4.5m²，浴间短边净宽度不应小于 2.00m。

3.15.6 根据设计规范要求，无障碍淋浴间应设高 0.45m 的洗浴座椅。应设高 0.70m 的水平抓杆和高 1.40m 的垂直抓杆。

3.15.7 根据设计规范要求，浴盆一端深度不应小于 0.40m 的洗浴坐台。浴盆内侧应设高 0.60m 和 0.90m 的水平抓杆，水平抓杆的长度应大于或等于 0.80m。

3.15.8 由于浴室环境湿滑，同时洗浴会导致残疾人、老年人体力下降。因此本条设为强制性条文，要求与 3.14.8 条说明相同。

3.16 无障碍住房和无障碍客房

Ⅰ 主控项目

3.16.7 根据设计规范要求，无障碍住房和无障碍客房的设计要求应符合表 11 的规定。无障碍客房的平面布置如图 19 所示。

表 11 无障碍居室的设计要求

名 称	设计要求
卧室	1. 单人卧室，应大于或等于 7.00m²； 2. 双人卧室，应大于或等于 10.50m²； 3. 兼做起居室的卧室，应大于或等于 16.00m²； 4. 橱柜挂衣杆高度，应小于或等于 1.40m；其深度应小于或等于 0.60m； 5. 应有直接采光和自然通风
起居室（厅）	1. 起居室应大于或等于 14.00m²； 2. 墙面、门洞及家具位置，应符合轮椅通行、停留及回转的使用要求； 3. 橱柜高度应小于或等于 1.20m，深度应小于或等于 0.40m； 4. 应有良好的朝向和视野

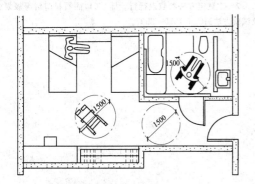

图 19 无障碍客房平面布置图（mm）

根据设计规范要求，无障碍厨房的设计要求应符合表 12 的规定：

表 12 无障碍厨房设计表

部位	设计要求（使用面积）
位置	厨房应布置在门口附近，以方便轮椅进出，要有直接采光和自然通风
面积	1. 一类和二类住宅厨房，应大于或等于 6.00m²； 2. 三类和四类住宅厨房，应大于或等于 7.00m²； 3. 应设冰箱位置和二人就餐位置
宽度	1. 厨房净宽应大于或等于 2.00m； 2. 双排布置设备的厨房通道净宽应大于 1.50m
操作台	1. 高度宜为 0.75m～0.80m； 2. 深度宜为 0.50m～0.55m； 3. 台面下方净宽应大于或等于 0.60m；高度应大于 0.60m；深度应大于 0.25m； 4. 吊柜底高度应小于 1.20m，深度应小于 0.25m
其他	1. 燃气灶及热水器旁便轮椅接近，阀门及观察孔的高度，应小于或等于 1.10m； 2. 应设排烟及拉线式机械排油烟装置； 3. 炉灶应设安全防火、自动灭火及燃气泄漏报警装置

3.16.8 根据设计规范要求，无障碍客房位置应便于到达、疏散和

进出方便；餐厅、购物和康乐等设施的公共通道应方便轮椅到达。

3.16.10 本条指的家具是随建筑装修设置的固定家具。电器一般都是活动的，但往往建筑预留给电器的位置，决定了最终电器设置的高度和位置，所以列出，以使各相关单位能在施工前考虑到这种情况。

3.16.12 根据设计规范要求，操作台高度宜为 0.75m～0.80m；深度宜为 0.50m～0.55m。台面下方净宽、高、深应大于或等于 0.60m×0.60m×0.25m；吊柜底高度应小于或等于 1.20m；深度应小于或等于 0.25m。

3.16.13 根据设计规范要求，橱柜高度应小于或等于 1.20m，深度应小于或等于 0.40m。挂衣杆高度应小于或等于 1.40m。

3.16.14 根据设计规范要求，阳台深度不应小于 1.50m。

3.16.15 根据设计规范要求，阳台应设可升降的晾晒衣物设施。

3.16.17 电话应设在卧床者伸手可及处。根据设计规范要求，对讲机按钮和通话器高度应为 1.00m。

3.17 过街音响信号装置

Ⅰ 主控项目

3.17.5 根据现行国家标准《道路交通信号灯》第一号修改单 GB 14887—2003/XG1—2006 第 5.28 条要求：盲人过街音响提示装置应能在人行横道信号灯的绿灯时间内发出过街提示声音，声音基本波形为正弦波，音响频率为 700Hz±50Hz，持续时间 0.2s，周期为 1s，白天声压级应不超过 65dB（A 计权），夜间声压级应不超过 45dB（A 计权）。该标准第 6.27 条要求：用数字存储示波器、频谱分析仪、声级计测量盲人过街声响提示装置的波形、音响频率、周期、声压级，应符合第 5.28 条要求。

根据各地使用过街音响信号装置的经验，临近居住区的装置在夜晚安静的环境中会影响到居民休息，因此制定本条要求装置可以根据情况开启和关闭。

Ⅱ 一般项目

3.17.6 采用现行国家标准《钢结构工程施工质量验收规范》GB 50205—2001 中的第 E.0.1 条单层柱高度≤10m 的允许偏差值。

4 无障碍设施的维护

4.1 一般规定

4.1.1 无障碍设施的维护工作一直是无障碍设施建设的薄弱环节。市政道路和公路的养护技术规范中有一套科学并行之有效的质量评价方法。但无障碍设施总体的样本量较少且分散，评价指标的建立也没有先例，尚需积累相关的数据。目前只能先做定性的要求。

本规范给出的是无障碍设施满足使用的基本要求，各地可以根据自身的气候环境特点再制定相应的地方性规程。

4.1.2 无障碍设施的维护工作随其城市道路、城市绿地、居住区、建筑物和历史文物保护建筑分布在各个单位的管理范围内的，明确维护责任单位的问题一直没有得到很好的解决。除市政养护工作早有规范规定外，道路上占用无障碍设施和建筑物无障碍设施维护问题，落实责任单位及其维护范围工作一直没有明确的规定。通过广泛调研，本条提出：公共建筑、居住建筑由产权单位来负责无障碍设施的维护。公共设施则由政府管理部门明确的维护单位来负责。鉴于不少产权单位将建筑物委托给有资质的物业管理公司管理（尤其是商务办公用房、居住小区），也规定了物业公司可以作为维护单位。无障碍设施的维护涉及的单位比较多，全国各地对市政道路、公共设施和公共建筑的管理关系不完全统一，对无障碍设施的维护职责和范围由地方政府制定相应的管理规定

和条例更为妥当。

4.1.3 对维护人员配备的要求。有条件的地区可以进一步提出岗位资质的要求。例如土建和设备安装工程师。此类人员如果能够参加相应的无障碍设施维护方面的培训,对维护工作更为有利。

4.1.8 某些设施的缺损(例如路面检查井盖的缺失,栏杆的缺失)直接关系到使用者的人身安全,必须立即采取应急措施和及时维修。

4.1.9 本条要求使用相同的材料,旨在保证维修后面层的质量和观感一致。现实中,特别是对老工程的改造,往往难于采购到与原规格相同的材料,此时应对维修和改造方案整体考虑,避免改造后新旧设施的不协调。

4.1.10 对维修部位完成后的验收,仍然采用本规范第3章对应设施的验收规定。

4.1.11 因为防滑是无障碍设施地面的一项重要指标,因此有必要将除雪防滑的职责落实到设施维护人。对于因没有及时进行除雪作业的设施,而造成冰冻等防滑性能不能满足要求的,甚至危及使用人员安全的,应按本规范第4.1.8条执行。

4.2 无障碍设施的缺损类别和缺损情况

4.2.1 现实中缺损是无障碍设施不能正常使用的重要原因,参照现行行业标准《城镇道路养护技术规范》CJJ 36—2006、《公路养护技术规范》JTJ 073—96列出缺损情况有利于维护单位对照和识别。

系统性缺损造成整条道路或整栋建筑物的无障碍设施无法使用。例如从某住宅小区去附近医院的缘石坡道或者盲道被施工围挡占用,造成轮椅乘用者无法自行到达医院内部,实际上医院的无障碍设施相对于该轮椅乘用者已经是丧失了功能。

功能性缺损造成某项无障碍设施本身不能正常使用。例如某车站的低位电话损坏,包括有肢体、感知和认知方面障碍的人群不能正常使用低位电话,但仍然能够正常地使用其他无障碍设施。

一般性缺损是指偶尔发生的临时占用情况,以及设施的表面污染。例如某洗手台下放置了水桶而使轮椅乘用者不能正常的使用。又如坡道扶手上面的油污等。

4.2.2 无障碍设施出现的问题很多,不可能一一列举。因为之前没有相关的标准涉及无障碍设施的缺损问题,表4.2.2按第4.2.1条的分类列举了主要问题,使整个检查和维护工作能够更加具有系统性和可操作性。

4.3 无障碍设施的检查

4.3.1 除本条要求的三类检查之外,维护单位还可以根据实际情况增加不定期的巡检。

4.4 无障碍设施的维护

4.4.1 无障碍设施被占用的情况时常发生,施工占用的周期短则数月,长则数年。本条旨在要求施工期间占用无障碍设施的应设计临时性无障碍设施,以保证在施工占用期间无障碍设施的正常使用,方便包括残疾人、老年人等社会特殊群体在内的全体社会成员的出行和活动。

4.4.4 抗滑性能的下降直接影响使用者特别是残疾人、老年人等社会特殊人群的安全,在不能立即修复时,应按本规范第4.1.8条执行。

附录 C 无障碍设施地面抗滑性能检查记录表及检测方法

C.0.2 本测定方法参照现行行业标准《地面石材防滑等级划分及试验方法》JC/T 1050—2007。

中华人民共和国国家标准

无障碍设计规范

Codes for accessibility design

GB 50763—2012

主编部门：中华人民共和国住房和城乡建设部
批准部门：中华人民共和国住房和城乡建设部
施行日期：２０１２年９月１日

中华人民共和国住房和城乡建设部
公　告

第 1354 号

关于发布国家标准
《无障碍设计规范》的公告

现批准《无障碍设计规范》为国家标准，编号为 GB 50763－2012，自 2012 年 9 月 1 日起实施。其中，第 3.7.3（3、5）、4.4.5、6.2.4（5）、6.2.7（4）、8.1.4 条（款）为强制性条文，必须严格执行。原《城市道路和建筑物无障碍设计规范》JGJ 50－2001 同时废止。

本规范由我部标准定额研究所组织中国建筑工业出版社出版发行。

中华人民共和国住房和城乡建设部

2012 年 3 月 30 日

前　　言

本规范是根据住房和城乡建设部《关于印发〈2009 年工程建设标准规范制订、修订计划〉的通知》（建标［2009］88 号）的要求，由北京市建筑设计研究院会同有关单位编制完成。

本规范在编制过程中，编制组进行了广泛深入的调查研究，认真总结了我国不同地区近年来无障碍建设的实践经验，认真研究分析了无障碍建设的现状和发展，参考了有关国际标准和国外先进技术，并在广泛征求全国有关单位意见的基础上，通过反复讨论、修改和完善，最后经审查定稿。

本规范共分 9 章和 3 个附录，主要技术内容有：总则，术语，无障碍设施的设计要求，城市道路，城市广场，城市绿地，居住区、居住建筑，公共建筑及历史文物保护建筑无障碍建设与改造。

本规范中以黑体字标志的条文为强制性条文，必须严格执行。

本规范由住房和城乡建设部负责管理和对强制性条文的解释，由北京市建筑设计研究院负责具体技术内容的解释。

本规范在执行过程中，请各单位注意总结经验，积累资料，如发现需要修改和补充之处，请将有关意见和建议反馈给北京市建筑设计研究院（地址：北京市西城区南礼士路 62 号，邮政编码：100045），以便今后修订时参考。

本 规 范 主 编 单 位：北京市建筑设计研究院

本 规 范 参 编 单 位：北京市市政工程设计研究总院

上海市市政规划设计研究院

北京市园林古建设计研究院

中国建筑标准设计研究院

广州市城市规划勘测设计研究院

北京市残疾人联合会

中国老龄科学研究中心

重庆市市政设施管理局

本规范主要起草人员：焦　舰　孙　蕾　刘　杰

杨　旻　刘思达　聂大华

段铁铮　朱胜跃　赵　林

祝长康　汪原平　吕建强

褚　波　郭　景　易晓峰

廖远涛　王静奎　郭　平

杨　宏

本规范主要审查人员：周文麟　马国馨　顾　放

张东旺　吴秋风　刘秋君

殷　波　王奎宝　陈育军

张　薇　胡正芳　王可瀛

目 次

Contents

1 总　则

1.0.1 为建设城市的无障碍环境，提高人民的社会生活质量，确保有需求的人能够安全地、方便地使用各种设施，制定本规范。

1.0.2 本规范适用于全国城市新建、改建和扩建的城市道路、城市广场、城市绿地、居住区、居住建筑、公共建筑及历史文物保护建筑等。本规范未涉及的城市道路、城市广场、城市绿地、建筑类型或有无障碍需求的设计，宜按本规范中相似类型的要求执行。农村道路及公共服务设施宜按本规范执行。

1.0.3 铁路、航空、城市轨道交通以及水运交通相关设施的无障碍设计，除应符合本规范的要求外，尚应符合相关行业的有关无障碍设计的规定。

1.0.4 城市无障碍设计在执行本规范时尚应遵循国家的有关方针政策，符合城市的总体发展要求，应做到安全适用、技术先进、经济合理。

1.0.5 城市无障碍设计除应符合本规范外，尚应符合国家现行有关标准的规定。

2 术　语

2.0.1 缘石坡道　curb ramp

位于人行道口或人行横道两端，为了避免人行道路缘石带来的通行障碍，方便行人进入人行道的一种坡道。

2.0.2 盲道　tactile ground surface indicator

在人行道上或其他场所铺设的一种固定形态的地面砖，使视觉障碍者产生盲杖触觉及脚感，引导视觉障碍者向前行走和辨别方向以到达目的地的通道。

2.0.3 行进盲道　directional indicator

表面呈条状形，使视觉障碍者通过盲杖的触觉和脚感，指引视觉障碍者可直接向正前方继续行走的盲道。

2.0.4 提示盲道　warning indicator

表面呈圆点形，用在盲道的起点处、拐弯处、终点处和表示服务设施的位置以及提示视觉障碍者前方将有不安全或危险状态等，具有提醒注意作用的盲道。

2.0.5 无障碍出入口　accessible entrance

在坡度、宽度、高度上以及地面材质、扶手形式等方面方便行动障碍者通行的出入口。

2.0.6 平坡出入口　ramp entrance

地面坡度不大于1:20且不设扶手的出入口。

2.0.7 轮椅回转空间　wheelchair turning space

为方便乘轮椅者旋转以改变方向而设置的空间。

2.0.8 轮椅坡道　wheelchair ramp

在坡度、宽度、高度、地面材质、扶手形式等方面方便乘轮椅者通行的坡道。

2.0.9 无障碍通道　accessible route

在坡度、宽度、高度、地面材质、扶手形式等方面方便行动障碍者通行的通道。

2.0.10 轮椅通道　wheelchair accessible path/lane

在检票口或结算口等处为方便乘轮椅者设置的通道。

2.0.11 无障碍楼梯　accessible stairway

在楼梯形式、宽度、踏步、地面材质、扶手形式等方面方便行动及视觉障碍者使用的楼梯。

2.0.12 无障碍电梯　wheelchair accessible elevator

适合行动障碍者和视觉障碍者进出和使用的电梯。

2.0.13 升降平台　wheelchair platform lift and stair lift

方便乘轮椅者进行垂直或斜向通行的设施。

2.0.14 安全抓杆　grab bar

在无障碍厕位、厕所、浴间内，方便行动障碍者安全移动和支撑的一种设施。

2.0.15 无障碍厕位　water closet compartment for wheelchair users

公共厕所内设置的带坐便器及安全抓杆且方便行动障碍者进出和使用的带隔间的厕位。

2.0.16 无障碍厕所　individual washroom for wheelchair users

出入口、室内空间及地面材质等方面方便行动障碍者使用且无障碍设施齐全的小型无性别厕所。

2.0.17 无障碍洗手盆　accessible wash basin

方便行动障碍者使用的带安全抓杆的洗手盆。

2.0.18 无障碍小便器　accessible urinal

方便行动障碍者使用的带安全抓杆的小便器。

2.0.19 无障碍盆浴间　accessible bathtub

无障碍设施齐全的盆浴间。

2.0.20 无障碍淋浴间　accessible shower stall

无障碍设施齐全的淋浴间。

2.0.21 浴间坐台　shower seat

洗浴时使用的固定坐台或活动坐板。

2.0.22 无障碍客房　accessible guest room

出入口、通道、通信、家具和卫生间等均设有无障碍设施，房间的空间尺度方便行动障碍者安全活动的客房。

2.0.23 无障碍住房　accessible housing

出入口、通道、通信、家具、厨房和卫生间等均设有无障碍设施，房间的空间尺度方便行动障碍者安全活动的住房。

2.0.24 轮椅席位　wheelchair accessible seat

在观众厅、报告厅、阅览室及教室等处设有固定席位的场所内，供乘轮椅者使用的位置。

2.0.25 陪护席位　seats for accompanying persons

设置于轮椅席位附近,方便陪伴者照顾乘轮椅者使用的席位。

2.0.26 安全阻挡措施 edge protection

控制轮椅小轮和拐杖不会侧向滑出坡道、踏步以及平台边界的设施。

2.0.27 无障碍机动车停车位 accessible vehicle parking lot

方便行动障碍者使用的机动车停车位。

2.0.28 盲文地图 braille map

供视觉障碍者用手触摸的有立体感的位置图或平面图及盲文说明。

2.0.29 盲文站牌 bus-stop braille board

采用盲文标识,告知视觉障碍者公交候车站的站名、公交车线路和终点站名等的车站站牌。

2.0.30 盲文铭牌 braille signboard

安装在无障碍设施上或设施附近固定部位上,采用盲文标识以告知信息的铭牌。

2.0.31 过街音响提示装置 audible pedestrian signals for street crossing

通过语音提示系统引导视觉障碍者安全通行的音响装置。

2.0.32 语音提示站台 bus station with intelligent voice prompts

设有为视觉障碍者提供乘坐或换乘公共交通相关信息的语音提示系统的站台。

2.0.33 信息无障碍 information accessibility

通过相关技术的运用,确保人们在不同条件下都能够平等地、方便地获取和利用信息。

2.0.34 低位服务设施 low height service facilities

为方便行动障碍者使用而设置的高度适当的服务设施。

2.0.35 母婴室 mother and baby room

设有婴儿打理台、水池、座椅等设施,为母亲提供的给婴儿换尿布、喂奶或临时休息使用的房间。

2.0.36 安全警示线 safety warning line

用于界定和划分危险区域,向人们传递某种注意或警告的信息,以避免人身伤害的提示线。

3 无障碍设施的设计要求

3.1 缘石坡道

3.1.1 缘石坡道应符合下列规定:

　　1 缘石坡道的坡面应平整、防滑;

　　2 缘石坡道的坡口与车行道之间宜没有高差;当有高差时,高出车行道的地面不应大于10mm;

　　3 宜优先选用全宽式单面坡缘石坡道。

3.1.2 缘石坡道的坡度应符合下列规定:

　　1 全宽式单面坡缘石坡道的坡度不应大于1:20;

　　2 三面坡缘石坡道正面及侧面的坡度不应大于1:12;

　　3 其他形式的缘石坡道的坡度均不应大于1:12。

3.1.3 缘石坡道的宽度应符合下列规定:

　　1 全宽式单面坡缘石坡道的宽度应与人行道宽度相同;

　　2 三面坡缘石坡道的正面坡道宽度不应小于1.20m;

　　3 其他形式的缘石坡道的坡口宽度均不应小于1.50m。

3.2 盲 道

3.2.1 盲道应符合下列规定:

　　1 盲道按其使用功能可分为行进盲道和提示盲道;

　　2 盲道的纹路应凸出路面4mm高;

　　3 盲道铺设应连续,应避开树木(穴)、电线杆、拉线等障碍物,其他设施不得占用盲道;

　　4 盲道的颜色宜与相邻的人行道铺面的颜色形成对比,并与周围景观相协调,宜采用中黄色;

　　5 盲道型材表面应防滑。

3.2.2 行进盲道应符合下列规定:

　　1 行进盲道应与人行道的走向一致;

　　2 行进盲道的宽度宜为250mm～500mm;

　　3 行进盲道宜在距围墙、花台、绿化带250mm～500mm处设置;

　　4 行进盲道宜在距树池边缘250mm～500mm处设置;如无树池,行进盲道与路缘石上沿在同一水平面时,距路缘石不应小于500mm,行进盲道比路缘石上沿低时,距路缘石不应小于250mm;盲道应避开非机动车停放的位置;

　　5 行进盲道的触感条规格应符合表3.2.2的规定。

表 3.2.2 行进盲道的触感条规格

部 位	尺寸要求(mm)
面宽	25
底宽	35
高度	4
中心距	62～75

3.2.3 提示盲道应符合下列规定:

　　1 行进盲道在起点、终点、转弯处及其他有需要处应设提示盲道,当盲道的宽度不大于300mm时,提示盲道的宽度应大于行进盲道的宽度;

　　2 提示盲道的触感圆点规格应符合表3.2.3的规定。

表 3.2.3　提示盲道的触感圆点规格

部　位	尺寸要求（mm）
表面直径	25
底面直径	35
圆点高度	4
圆点中心距	50

3.3　无障碍出入口

3.3.1 无障碍出入口包括以下几种类别：

　　1　平坡出入口；

　　2　同时设置台阶和轮椅坡道的出入口；

　　3　同时设置台阶和升降平台的出入口。

3.3.2 无障碍出入口应符合下列规定：

　　1　出入口的地面应平整、防滑；

　　2　室外地面滤水箅子的孔洞宽度不应大于15mm；

　　3　同时设置台阶和升降平台的出入口宜只应用于受场地限制无法改造坡道的工程，并应符合本规范第3.7.3条的有关规定；

　　4　除平坡出入口外，在门完全开启的状态下，建筑物无障碍出入口的平台的净深度不应小于1.50m；

　　5　建筑物无障碍出入口的门厅、过厅如设置两道门，门扇同时开启时两道门的间距不应小于1.50m；

　　6　建筑物无障碍出入口的上方应设置雨棚。

3.3.3 无障碍出入口的轮椅坡道及平坡出入口的坡度应符合下列规定：

　　1　平坡出入口的地面坡度不应大于1：20，当场地条件比较好时，不宜大于1：30；

　　2　同时设置台阶和轮椅坡道的出入口，轮椅坡道的坡度应符合本规范第3.4节的有关规定。

3.4　轮椅坡道

3.4.1 轮椅坡道宜设计成直线形、直角形或折返形。

3.4.2 轮椅坡道的净宽度不应小于1.00m，无障碍出入口的轮椅坡道净宽度不应小于1.20m。

3.4.3 轮椅坡道的高度超过300mm且坡度大于1：20时，应在两侧设置扶手，坡道与休息平台的扶手应保持连贯，扶手应符合本规范第3.8节的相关规定。

3.4.4 轮椅坡道的最大高度和水平长度应符合表3.4.4的规定。

表 3.4.4　轮椅坡道的最大高度和水平长度

坡度	1：20	1：16	1：12	1：10	1：8
最大高度（m）	1.20	0.90	0.75	0.60	0.30
水平长度（m）	24.00	14.40	9.00	6.00	2.40

注：其他坡度可用插入法进行计算。

3.4.5 轮椅坡道的坡面应平整、防滑、无反光。

3.4.6 轮椅坡道起点、终点和中间休息平台的水平长度不应小于1.50m。

3.4.7 轮椅坡道临空侧应设置安全阻挡措施。

3.4.8 轮椅坡道应设置无障碍标志，无障碍标志应符合本规范第3.16节的有关规定。

3.5　无障碍通道、门

3.5.1 无障碍通道的宽度应符合下列规定：

　　1　室内走道不应小于1.20m，人流较多或较集中的大型公共建筑的室内走道宽度不宜小于1.80m；

　　2　室外通道不宜小于1.50m；

　　3　检票口、结算口轮椅通道不应小于900mm。

3.5.2 无障碍通道应符合下列规定：

　　1　无障碍通道应连续，其地面应平整、防滑、反光小或无反光，并不宜设置厚地毯；

　　2　无障碍通道上有高差时，应设置轮椅坡道；

　　3　室外通道上的雨水箅子的孔洞宽度不应大于15mm；

　　4　固定在无障碍通道的墙、立柱上的物体或标牌距地面的高度不应小于2.00m；如小于2.00m时，探出部分的宽度不应大于100mm；如突出部分大于100mm，则其距地面的高度应小于600mm；

　　5　斜向的自动扶梯、楼梯等下部空间可以进入时，应设置安全挡牌。

3.5.3 门的无障碍设计应符合下列规定：

　　1　不应采用力度大的弹簧门并不宜采用弹簧门、玻璃门；当采用玻璃门时，应有醒目的提示标志；

　　2　自动门开启后通行净宽度不应小于1.00m；

　　3　平开门、推拉门、折叠门开启后的通行净宽度不应小于800mm，有条件时，不宜小于900mm；

　　4　在门扇内外应留有直径不小于1.50m的轮椅回转空间；

　　5　在单扇平开门、推拉门、折叠门的门把手一侧的墙面，应设宽度不小于400mm的墙面；

　　6　平开门、推拉门、折叠门的门扇应设距地900mm的把手，宜设视线观察玻璃，并宜在距地350mm范围内安装护门板；

　　7　门槛高度及门内外地面高差不应大于15mm，并以斜面过渡；

　　8　无障碍通道上的门扇应便于开关；

　　9　宜与周围墙面有一定的色彩反差，方便识别。

3.6　无障碍楼梯、台阶

3.6.1 无障碍楼梯应符合下列规定：

　　1　宜采用直线形楼梯；

　　2　公共建筑楼梯的踏步宽度不应小于280mm，踏步高度不应大于160mm；

　　3　不应采用无踢面和直角形突缘的踏步；

4 宜在两侧均做扶手；

5 如采用栏杆式楼梯，在栏杆下方宜设置安全阻挡措施；

6 踏面应平整防滑或在踏面前缘设防滑条；

7 距踏步起点和终点250mm～300mm宜设提示盲道；

8 踏面和踢面的颜色宜有区分和对比；

9 楼梯上行及下行的第一阶宜在颜色或材质上与平台有明显区别。

3.6.2 台阶的无障碍设计应符合下列规定：

1 公共建筑的室内外台阶踏步宽度不宜小于300mm，踏步高度不宜大于150mm，并不应小于100mm；

2 踏步应防滑；

3 三级及三级以上的台阶应在两侧设置扶手；

4 台阶上行及下行的第一阶宜在颜色或材质上与其他阶有明显区别。

3.7 无障碍电梯、升降平台

3.7.1 无障碍电梯的候梯厅应符合下列规定：

1 候梯厅深度不宜小于1.50m，公共建筑及设置病床梯的候梯厅深度不宜小于1.80m；

2 呼叫按钮高度为0.90m～1.10m；

3 电梯门洞的净宽度不宜小于900mm；

4 电梯出入口处宜设提示盲道；

5 候梯厅应设电梯运行显示装置和抵达音响。

3.7.2 无障碍电梯的轿厢应符合下列规定：

1 轿厢门开启的净宽度不应小于800mm；

2 在轿厢的侧壁上应设高0.90m～1.10m带盲文的选层按钮，盲文宜设置于按钮旁；

3 轿厢的三面壁上应设高850mm～900mm扶手，扶手应符合本规范第3.8节的相关规定；

4 轿厢内应设电梯运行显示装置和报层音响；

5 轿厢正面高900mm处至顶部应安装镜子或采用有镜面效果的材料；

6 轿厢的规格应依据建筑性质和使用要求的不同而选用。最小规格为深度不应小于1.40m，宽度不应小于1.10m；中型规格为深度不应小于1.60m，宽度不应小于1.40m；医疗建筑与老人建筑宜选用病床专用电梯；

7 电梯位置应设无障碍标志，无障碍标志应符合本规范第3.16节的有关规定。

3.7.3 升降平台应符合下列规定：

1 升降平台只适用于场地有限的改造工程；

2 垂直升降平台的深度不应小于1.20m，宽度不应小于900mm，应设扶手、挡板及呼叫控制按钮；

3 垂直升降平台的基坑应采用防止误入的安全防护措施；

4 斜向升降平台宽度不应小于900mm，深度不应小于1.00m，应设扶手和挡板；

5 垂直升降平台的传送装置应有可靠的安全防护装置。

3.8 扶 手

3.8.1 无障碍单层扶手的高度应为850mm～900mm，无障碍双层扶手的上层扶手高度应为850mm～900mm，下层扶手高度应为650mm～700mm。

3.8.2 扶手应保持连贯，靠墙面的扶手的起点和终点处应水平延伸不小于300mm的长度。

3.8.3 扶手末端应向内拐到墙面或向下延伸不小于100mm，栏杆式扶手应向下成弧形或延伸到地面上固定。

3.8.4 扶手内侧与墙面的距离不应小于40mm。

3.8.5 扶手应安装坚固，形状易于抓握。圆形扶手的直径应为35mm～50mm，矩形扶手的截面尺寸应为35mm～50mm。

3.8.6 扶手的材质宜选用防滑、热惰性指标好的材料。

3.9 公共厕所、无障碍厕所

3.9.1 公共厕所的无障碍设计应符合下列规定：

1 女厕所的无障碍设施包括至少1个无障碍厕位和1个无障碍洗手盆；男厕所的无障碍设施包括至少1个无障碍厕位、1个无障碍小便器和1个无障碍洗手盆；

2 厕所的入口和通道应方便乘轮椅者进入和进行回转，回转直径不小于1.50m；

3 门应方便开启，通行净宽度不应小于800mm；

4 地面应防滑、不积水；

5 无障碍厕位应设置无障碍标志，无障碍标志应符合本规范第3.16节的有关规定。

3.9.2 无障碍厕位应符合下列规定：

1 无障碍厕位应方便乘轮椅者到达和进出，尺寸宜做到2.00m×1.50m，不应小于1.80m×1.00m；

2 无障碍厕位的门宜向外开启，如向内开启，需在开启后厕位内留有直径不小于1.50m的轮椅回转空间，门的通行净宽不应小于800mm，平开门外侧应设高900mm的横扶把手，在关闭的门扇里侧设高900mm的关门拉手，并应采用门外可紧急开启的插销；

3 厕位内应设坐便器，厕位两侧距地面700mm处应设长度不小于700mm的水平安全抓杆，另一侧应设高1.40m的垂直安全抓杆。

3.9.3 无障碍厕所的无障碍设计应符合下列规定：

1 位置宜靠近公共厕所，应方便乘轮椅者进入和进行回转，回转直径不小于 1.50m；

2 面积不应小于 4.00m²；

3 当采用平开门，门扇宜向外开启，如向内开启，需在开启后留有直径不小于 1.50m 的轮椅回转空间，门的通行净宽度不应小于 800mm，平开门应设高 900mm 的横扶把手，在门扇里侧应采用门外可紧急开启的门锁；

4 地面应防滑、不积水；

5 内部应设坐便器、洗手盆、多功能台、挂衣钩和呼叫按钮；

6 坐便器应符合本规范第 3.9.2 条的有关规定，洗手盆应符合本规范第 3.9.4 条的有关规定；

7 多功能台长度不宜小于 700mm，宽度不宜小于 400mm，高度宜为 600mm；

8 安全抓杆的设计应符合本规范第 3.9.4 条的有关规定；

9 挂衣钩距地高度不应大于 1.20m；

10 在坐便器旁的墙面上应设高 400mm～500mm 的救助呼叫按钮；

11 入口应设置无障碍标志，无障碍标志应符合本规范第 3.16 节的有关规定。

3.9.4 厕所里的其他无障碍设施应符合下列规定：

1 无障碍小便器下口距地面高度不应大于 400mm，小便器两侧应在离墙面 250mm 处，设高度为 1.20m 的垂直安全抓杆，并在离墙面 550mm 处，设高度为 900mm 水平安全抓杆，与垂直安全抓杆连接；

2 无障碍洗手盆的水嘴中心距侧墙应大于 550mm，其底部应留出宽 750mm、高 650mm、深 450mm 供乘轮椅者膝部和足尖部的移动空间，并在洗手盆上方安装镜子，出水龙头宜采用杠杆式水龙头或感应式自动出水方式；

3 安全抓杆应安装牢固，直径应为 30mm～40mm，内侧距墙不应小于 40mm；

4 取纸器应设在坐便器的侧前方，高度为 400mm～500mm。

3.10 公 共 浴 室

3.10.1 公共浴室的无障碍设计应符合下列规定：

1 公共浴室的无障碍设施包括 1 个无障碍淋浴间或盆浴间以及 1 个无障碍洗手盆；

2 公共浴室的入口和室内空间应方便乘轮椅者进入和使用，浴室内部应能保证轮椅进行回转，回转直径不小于 1.50m；

3 浴室地面应防滑、不积水；

4 浴间入口宜采用活动门帘，当采用平开门时，门扇应向外开启，设高 900mm 的横扶把手，在关闭的门扇里侧设高 900mm 的关门拉手，并应采用门外可紧急开启的插销；

5 应设置一个无障碍厕位。

3.10.2 无障碍淋浴间应符合下列规定：

1 无障碍淋浴间的短边宽度不应小于 1.50m；

2 浴间坐台高度宜为 450mm，深度不宜小于 450mm；

3 淋浴间应设距地面高 700mm 的水平抓杆和高 1.40m～1.60m 的垂直抓杆；

4 淋浴间内的淋浴喷头的控制开关的高度距地面不应大于 1.20m；

5 毛巾架的高度不应大于 1.20m。

3.10.3 无障碍盆浴间应符合下列规定：

1 在浴盆一端设置方便进入和使用的坐台，其深度不应小于 400mm；

2 浴盆内侧应设高 600mm 和 900mm 的两层水平抓杆，水平长度不小于 800mm；洗浴坐台一侧的墙上设高 900mm、水平长度不小于 600mm 的安全抓杆；

3 毛巾架的高度不应大于 1.20m。

3.11 无障碍客房

3.11.1 无障碍客房应设在便于到达、进出和疏散的位置。

3.11.2 房间内应有空间能保证轮椅进行回转，回转直径不小于 1.50m。

3.11.3 无障碍客房的门应符合本规范第 3.5 节的有关规定。

3.11.4 无障碍客房卫生间内应保证轮椅进行回转，回转直径不小于 1.50m，卫生器具应设置安全抓杆，其地面、门、内部设施应符合本规范第 3.9.3 条、第 3.10.2 条及第 3.10.3 条的有关规定。

3.11.5 无障碍客房的其他规定：

1 床间距离不应小于 1.20m；

2 家具和电器控制开关的位置和高度应方便乘轮椅者靠近和使用，床的使用高度为 450mm；

3 客房及卫生间应设高 400mm～500mm 的救助呼叫按钮；

4 客房应设置为听力障碍者服务的闪光提示门铃。

3.12 无障碍住房及宿舍

3.12.1 户门及户内门开启后的净宽应符合本规范第 3.5 节的有关规定。

3.12.2 通往卧室、起居室（厅）、厨房、卫生间、储藏室及阳台的通道应为无障碍通道，并按照本规范第 3.8 节的要求在一侧或两侧设置扶手。

3.12.3 浴盆、淋浴、坐便器、洗手盆及安全抓杆等应符合本规范第 3.9 节、第 3.10 节的有关规定。

3.12.4 无障碍住房及宿舍的其他规定：

1 单人卧室面积不应小于 7.00m²，双人卧室面积不应小于 10.50m²，兼起居室的卧室面积不应小于 16.00m²，起居室面积不应小于 14.00m²，厨房面积不应小于 6.00m²；

2 设坐便器、洗浴器（浴盆或淋浴）、洗面盆三件卫生洁具的卫生间面积不应小于 4.00m²；设坐便器、洗浴器二件卫生洁具的卫生间面积不应小于 3.00m²；设坐便器、洗面盆二件卫生洁具的卫生间面积不应小于 2.50m²；单设坐便器的卫生间面积不应小于 2.00m²；

3 供乘轮椅者使用的厨房，操作台下方净宽和高度都不应小于 650mm，深度不应小于 250mm；

4 居室和卫生间内应设助呼叫按钮；

5 家具和电器控制开关的位置和高度应方便乘轮椅者靠近和使用；

6 供听力障碍者使用的住宅和公寓应安装闪光提示门铃。

3.13 轮 椅 席 位

3.13.1 轮椅席位应设在便于到达疏散口及通道的附近，不得设在公共通道范围内。

3.13.2 观众厅内通往轮椅席位的通道宽度不应小于 1.20m。

3.13.3 轮椅席位的地面应平整、防滑，在边缘处宜安装栏杆或栏板。

3.13.4 每个轮椅席位的占地面积不应小于 1.10m ×0.80m。

3.13.5 在轮椅席位上观看演出和比赛的视线不应受到遮挡，但也不应遮挡他人的视线。

3.13.6 在轮椅席位旁或在邻近的观众席内宜设置 1:1 的陪护席位。

3.13.7 轮椅席位处地面上应设置无障碍标志，无障碍标志应符合本规范第 3.16 节的有关规定。

3.14 无障碍机动车停车位

3.14.1 应将通行方便、行走距离路线最短的停车位设为无障碍机动车停车位。

3.14.2 无障碍机动车停车位的地面应平整、防滑、不积水，地面坡度不应大于 1:50。

3.14.3 无障碍机动车停车位一侧，应设宽度不小于 1.20m 的通道，供乘轮椅者从轮椅通道直接进入人行道和到达无障碍出入口。

3.14.4 无障碍机动车停车位的地面应涂有停车线、轮椅通道线和无障碍标志。

3.15 低位服务设施

3.15.1 设置低位服务设施的范围包括问询台、服务窗口、电话台、安检验证台、行李托运台、借阅台、各种业务台、饮水机等。

3.15.2 低位服务设施上表面距地面高度宜为

700mm～850mm，其下部宜至少留出宽 750mm，高 650mm，深 450mm 供乘轮椅者膝部和足尖部的移动空间。

3.15.3 低位服务设施前应有轮椅回转空间，回转直径不小于 1.50m。

3.15.4 挂式电话离地不应高于 900mm。

3.16 无障碍标识系统、信息无障碍

3.16.1 无障碍标志应符合下列规定：

1 无障碍标志包括下列几种：

　1）通用的无障碍标志应符合本规范附录 A 的规定；

　2）无障碍设施标志牌符合本规范附录 B 的规定；

　3）带指示方向的无障碍设施标志牌符合本规范附录 C 的规定。

2 无障碍标志应醒目，避免遮挡。

3 无障碍标志应纳入城市环境或建筑内部的引导标志系统，形成完整的系统，清楚地指明无障碍设施的走向及位置。

3.16.2 盲文标志应符合下列规定：

1 盲文标志可分成盲文地图、盲文铭牌、盲文站牌；

2 盲文标志的盲文必须采用国际通用的盲文表示方法。

3.16.3 信息无障碍应符合下列规定：

1 根据需求，因地制宜设置信息无障碍的设备和设施，使人们便捷地获取各类信息；

2 信息无障碍设备和设施位置和布局应合理。

4 城 市 道 路

4.1 实 施 范 围

4.1.1 城市道路无障碍设计的范围应包括：

1 城市各级道路；

2 城镇主要道路；

3 步行街；

4 旅游景点、城市景观带的周边道路。

4.1.2 城市道路、桥梁、隧道、立体交叉中人行系统均应进行无障碍设计，无障碍设施应沿行人通行路径布置。

4.1.3 人行系统中的无障碍设计主要包括人行道、人行横道、人行天桥及地道、公交车站。

4.2 人 行 道

4.2.1 人行道处缘石坡道设计应符合下列规定：

1 人行道在各种路口、各种出入口位置必须设置缘石坡道；

2 人行横道两端必须设置缘石坡道。

4.2.2 人行道处盲道设置应符合下列规定：

1 城市主要商业街、步行街的人行道应设置盲道；

2 视觉障碍者集中区域周边道路应设置盲道；

3 坡道的上下坡边缘处应设置提示盲道；

4 道路周边场所、建筑等出入口设置的盲道应与道路盲道相衔接。

4.2.3 人行道的轮椅坡道设置应符合下列规定：

1 人行道设置台阶处，应同时设置轮椅坡道；

2 轮椅坡道的设置应避免干扰行人通行及其他设施的使用。

4.2.4 人行道处服务设施设置应符合下列规定：

1 服务设施的设置应为残障人士提供方便；

2 宜为视觉障碍者提供触摸及音响一体化信息服务设施；

3 设置屏幕信息服务设施，宜为听觉障碍者提供屏幕手语及字幕信息服务；

4 低位服务设施的设置，应方便乘轮椅者使用；

5 设置休息座椅时，应设置轮椅停留空间。

4.3 人 行 横 道

4.3.1 人行横道范围内的无障碍设计应符合下列规定：

1 人行横道宽度应满足轮椅通行需求；

2 人行横道安全岛的形式应方便乘轮椅者使用；

3 城市中心区及视觉障碍者集中区域的人行横道，应配置过街音响提示装置。

4.4 人 行 天 桥 及 地 道

4.4.1 盲道的设置应符合下列规定：

1 设置于人行道中的行进盲道应与人行天桥及地道出入口处的提示盲道相连接；

2 人行天桥及地道出入口处应设置提示盲道；

3 距每段台阶与坡道的起点与终点 250mm～500mm 处应设提示盲道，其长度应与坡道、梯道相对应。

4.4.2 人行天桥及地道处坡道与无障碍电梯的选择应符合下列规定：

1 要求满足轮椅通行需求的人行天桥及地道处宜设置坡道，当设置坡道有困难时，应设置无障碍电梯；

2 坡道的净宽度不应小于 2.00m；

3 坡道的坡度不应大于 1∶12；

4 弧线形坡道的坡度，应以弧线内缘的坡度进行计算；

5 坡道的高度每升高 1.50m 时，应设深度不小于 2.00m 的中间平台；

6 坡道的坡面应平整、防滑。

4.4.3 扶手设置应符合下列规定：

1 人行天桥及地道在坡道的两侧应设扶手，扶手宜设上、下两层；

2 在栏杆下方宜设置安全阻挡措施；

3 扶手起点水平段宜安装盲文铭牌。

4.4.4 当人行天桥及地道无法满足轮椅通行需求时，宜考虑地面安全通行。

4.4.5 人行天桥桥下的三角区净空高度小于 2.00m 时，应安装防护设施，并应在防护设施外设置提示盲道。

4.5 公 交 车 站

4.5.1 公交车站处站台设计应符合下列规定：

1 站台有效通行宽度不应小于 1.50m；

2 在车道之间的分隔带设公交车站时应方便乘轮椅者使用。

4.5.2 盲道与盲文信息布置应符合下列规定：

1 站台距路缘石 250mm～500mm 处应设置提示盲道，其长度应与公交车站的长度相对应；

2 当人行道中设有盲道系统时，应与公交车站的盲道相连接；

3 宜设置盲文站牌或语音提示服务设施，盲文站牌的位置、高度、形式与内容应方便视觉障碍者的使用。

4.6 无 障 碍 标 识 系 统

4.6.1 无障碍设施位置不明显时，应设置相应的无障碍标识系统。

4.6.2 无障碍标志牌应沿行人通行路径布置，构成标识引导系统。

4.6.3 无障碍标志牌的布置应与其他交通标志牌相协调。

5 城 市 广 场

5.1 实 施 范 围

5.1.1 城市广场进行无障碍设计的范围应包括下列内容：

1 公共活动广场；

2 交通集散广场。

5.2 实施部位和设计要求

5.2.1 城市广场的公共停车场的停车数在 50 辆以下时应设置不少于 1 个无障碍机动车停车位，100 辆以下时应设置不少于 2 个无障碍机动车停车位，100 辆以上时应设置不少于总停车数 2% 的无障碍机动车停车位。

5.2.2 城市广场的地面应平整、防滑、不积水。

5.2.3 城市广场盲道的设置应符合下列规定：

1 设有台阶或坡道时，距每段台阶与坡道的起点与终点 250mm～500mm 处应设提示盲道，其长度应与台阶、坡道相对应，宽度应为 250mm～500mm；

2 人行道中有行进盲道时，应与提示盲道相连接。

5.2.4 城市广场的地面有高差时坡道与无障碍电梯的选择应符合下列规定：

1 设置台阶的同时应设置轮椅坡道；

2 当设置轮椅坡道有困难时，可设置无障碍电梯。

5.2.5 城市广场内的服务设施应同时设置低位服务设施。

5.2.6 男、女公共厕所均应满足本规范第 8.13 节的有关规定。

5.2.7 城市广场的无障碍设施的位置应设置无障碍标志，无障碍标志应符合本规范第 3.16 节的有关规定，带指示方向的无障碍设施标志牌与无障碍设施标志牌形成引导系统，满足通行的连续性。

6 城市绿地

6.1 实施范围

6.1.1 城市绿地进行无障碍设计的范围应包括下列内容：

1 城市中的各类公园，包括综合公园、社区公园、专类公园、带状公园、街旁绿地等；

2 附属绿地中的开放式绿地；

3 对公众开放的其他绿地。

6.2 公园绿地

6.2.1 公园绿地停车场的总停车数在 50 辆以下时应设置不少于 1 个无障碍机动车停车位，100 辆以下时应设置不少于 2 个无障碍机动车停车位，100 辆以上时应设置不少于总停车数 2% 的无障碍机动车停车位。

6.2.2 售票处的无障碍设计应符合下列规定：

1 主要出入口的售票处应设置低位售票窗口；

2 低位售票窗口前地面有高差时，应设轮椅坡道以及不小于 1.50m×1.50m 的平台；

3 售票窗口前应设提示盲道，距售票处外墙应为 250mm～500mm。

6.2.3 出入口的无障碍设计应符合下列规定：

1 主要出入口应设置为无障碍出入口，设有自动检票设备的出入口，也应设置专供乘轮椅者使用的检票口；

2 出入口检票口的无障碍通道宽度不应小于 1.20m；

3 出入口设置车挡时，车挡间距不应小于 900mm。

6.2.4 无障碍游览路线应符合下列规定：

1 无障碍游览主园路应结合公园绿地的主路设置，应能到达部分主要景区和景点，并宜形成环路，纵坡宜小于 5%，山地公园绿地的无障碍游览主园路纵坡应小于 8%；无障碍游览主园路不宜设置台阶、梯道，必须设置时应同时设置轮椅坡道；

2 无障碍游览支园路应能连接主要景点，并和无障碍游览主园路相连，形成环路；小路可到达景点局部，不能形成环路时，应便于折返，无障碍游览支园路和小路的纵坡应小于 8%；坡度超过 8% 时，路面应作防滑处理，并不宜轮椅通行；

3 园路坡度大于 8% 时，宜每隔 10.00m～20.00m 在路旁设置休息平台；

4 紧邻湖岸的无障碍游览园路应设置护栏，高度不低于 900mm；

5 在地形险要的地段应设置安全防护设施和安全警示线；

6 路面应平整、防滑、不松动，园路上的窨井盖板应与路面平齐，排水沟的滤水箅子孔的宽度不应大于 15mm。

6.2.5 游憩区的无障碍设计应符合下列规定：

1 主要出入口或无障碍游览园路沿线应设置一定面积的无障碍游憩区；

2 无障碍游憩区应方便轮椅通行，有高差时应设置轮椅坡道，地面应平整、防滑、不松动；

3 无障碍游憩区的广场树池宜高出广场地面，与广场地面相平的树池应加箅子。

6.2.6 常规设施的无障碍设计应符合下列规定：

1 在主要出入口、主要景点和景区，无障碍游憩区内的游憩设施、服务设施、公共设施、管理设施应为无障碍设施；

2 游憩设施的无障碍设计应符合下列规定：

1) 在没有特殊景观要求的前提下，应设为无障碍游憩设施；

2) 单体建筑和组合建筑包括亭、廊、榭、花架等，若有台明和台阶时，台明不宜过高，入口应设置坡道，建筑室内应满足无障碍通行；

3) 建筑院落的出入口以及院内广场、通道有高差时，应设置轮椅坡道；有三个以上出入口时，至少应设两个无障碍出入口，建筑院落的内廊或通道的宽度不应小于 1.20m；

4) 码头与无障碍园路和广场衔接处有高差时应设置轮椅坡道；

5) 无障碍游览路线上的桥应为平桥或坡度在 8% 以下的小拱桥，宽度不应小于 1.20m，桥面应防滑，两侧应设栏杆。桥面与园路、广场衔接有高差时应设轮椅坡道。

　　3　服务设施的无障碍设计应符合下列规定：

　　　　1）小卖店等的售货窗口应设置低位窗口；

　　　　2）茶座、咖啡厅、餐厅、摄影部等出入口应为无障碍出入口，应提供一定数量的轮椅席位；

　　　　3）服务台、业务台、咨询台、售货柜台等应设有低位服务设施。

　　4　公共设施的无障碍设计应符合下列规定：

　　　　1）公共厕所应满足本规范第8.13节的有关规定，大型园林建筑和主要游览区应设置无障碍厕所；

　　　　2）饮水器、洗手台、垃圾箱等小品的设置应方便乘轮椅者使用；

　　　　3）游客服务中心应符合本规范第8.8节的有关规定；

　　　　4）休息座椅旁应设置轮椅停留空间。

　　5　管理设施的无障碍设计应符合本规范第8.2节的有关规定。

6.2.7　标识与信息应符合下列规定：

　　1　主要出入口、无障碍通道、停车位、建筑出入口、公共厕所等无障碍设施的位置应设置无障碍标志，并应形成完整的无障碍标识系统，清楚地指明无障碍设施的走向及位置，无障碍标志应符合第3.16节的有关规定；

　　2　应设置系统的指路牌、定位导览图、景区景点和园中园说明牌；

　　3　出入口应设置无障碍设施位置图、无障碍游览图；

　　4　危险地段应设置必要的警示、提示标志及安全警示线。

6.2.8　不同类别的公园绿地的特殊要求：

　　1　大型植物园宜设置盲人植物区域或者植物角，并提供语音服务、盲文铭牌等供视觉障碍者使用的设施；

　　2　绿地内展览区、展示区、动物园的动物展示区应设置便于乘轮椅者参观的窗口或位置。

6.3　附属绿地

6.3.1　附属绿地中的开放式绿地应进行无障碍设计。

6.3.2　附属绿地中的无障碍设计应符合本规范第6.2节和第7.2节的有关规定。

6.4　其他绿地

6.4.1　其他绿地中的开放式绿地应进行无障碍设计。

6.4.2　其他绿地的无障碍设计应符合本规范第6.2节的有关规定。

7　居住区、居住建筑

7.1　道　　路

7.1.1　居住区道路进行无障碍设计的范围应包括居住区路、小区路、组团路、宅间小路的人行道。

7.1.2　居住区级道路无障碍设计应符合本规范第4章的有关规定。

7.2　居住绿地

7.2.1　居住绿地的无障碍设计应符合下列规定：

　　1　居住绿地内进行无障碍设计的范围及建筑物类型包括：出入口、游步道、休憩设施、儿童游乐场、休闲广场、健身运动场、公共厕所等；

　　2　基地地坪坡度不大于5％的居住区的居住绿地均应满足无障碍要求，地坪坡度大于5％的居住区，应至少设置1个满足无障碍要求的居住绿地；

　　3　满足无障碍要求的居住绿地，宜靠近设有无障碍住房和宿舍的居住建筑设置，并通过无障碍通道到达。

7.2.2　出入口应符合下列规定：

　　1　居住绿地的主要出入口应设置为无障碍出入口；有3个以上出入口时，无障碍出入口不应少于2个；

　　2　居住绿地内主要活动广场与相接的地面或路面高差小于300mm时，所有出入口均应为无障碍出入口；高差大于300mm时，当出入口少于3个，所有出入口均应为无障碍出入口，当出入口为3个或3个以上，应至少设置2个无障碍出入口；

　　3　组团绿地、开放式宅间绿地、儿童活动场、健身运动场出入口应设提示盲道。

7.2.3　游步道及休憩设施应符合下列规定：

　　1　居住绿地内的游步道应为无障碍通道，轮椅园路纵坡不应大于4％；轮椅专用道不应大于8％；

　　2　居住绿地内的游步道及园林建筑、园林小品如亭、廊、花架等休憩设施不宜设置高于450mm的台明或台阶；必须设置时，应同时设置轮椅坡道并在休憩设施入口处设提示盲道；

　　3　绿地及广场设置休息座椅时，应留有轮椅停留空间。

7.2.4　活动场地应符合下列规定：

　　1　林下铺装活动场地，以种植乔木为主，林下净空不得低于2.20m；

　　2　儿童活动场地周围不宜种植遮挡视线的树木，保持较好的可通视性，且不宜选用硬质叶片的丛生植物。

7.3　配套公共设施

7.3.1　居住区内的居委会、卫生站、健身房、物业管理、会所、社区中心、商业等为居民服务的建筑应设置无障碍出入口。设有电梯的建筑至少应设置1部无障碍电梯；未设有电梯的多层建筑，应至少设置1部无障碍楼梯。

7.3.2 供居民使用的公共厕所应满足本规范第8.13节的有关规定。

7.3.3 停车场和车库应符合下列规定：

1 居住区停车场和车库的总停车位应设置不少于0.5%的无障碍机动车停车位；若设有多个停车场和车库，宜每处设置不少于1个无障碍机动车停车位；

2 地面停车场的无障碍机动车停车位宜靠近停车场的出入口设置。有条件的居住区宜靠近住宅出入口设置无障碍机动车停车位；

3 车库的人行出入口应为无障碍出入口。设置在非首层的车库应设无障碍通道与无障碍电梯或无障碍楼梯连通，直达首层。

7.4 居 住 建 筑

7.4.1 居住建筑进行无障碍设计的范围应包括住宅及公寓、宿舍建筑（职工宿舍、学生宿舍）等。

7.4.2 居住建筑的无障碍设计应符合下列规定：

1 设置电梯的居住建筑应至少设置1处无障碍出入口，通过无障碍通道直达电梯厅；未设置电梯的低层和多层居住建筑，当设置无障碍住房及宿舍时，应设置无障碍出入口；

2 设置电梯的居住建筑，每居住单元至少应设置1部能直达户门层的无障碍电梯。

7.4.3 居住建筑应按每100套住房设置不少于2套无障碍住房。

7.4.4 无障碍住房及宿舍宜建于底层。当无障碍住房及宿舍设在二层及以上且未设置电梯时，其公共楼梯应满足本规范第3.6节的有关规定。

7.4.5 宿舍建筑中，男女宿舍应分别设置无障碍宿舍，每100套宿舍各应设置不少于1套无障碍宿舍；当无障碍宿舍设置在二层以上且宿舍建筑设置电梯时，应设置不少于1部无障碍电梯，无障碍电梯应与无障碍宿舍以无障碍通道连接。

7.4.6 当无障碍宿舍内未设置厕所时，其所在楼层的公共厕所至少有1处应满足本规范3.9.1条的有关规定或设置无障碍厕所，并宜靠近无障碍宿舍设置。

8 公 共 建 筑

8.1 一 般 规 定

8.1.1 公共建筑基地的无障碍设计应符合下列规定：

1 建筑基地的车行道与人行通道地面有高差时，在人行通道的路口及人行横道的两端应设缘石坡道；

2 建筑基地的广场和人行通道的地面应平整、防滑、不积水；

3 建筑基地的主要人行通道当有高差或台阶时应设置轮椅坡道或无障碍电梯。

8.1.2 建筑基地内总停车数在100辆以下时应设置不少于1个无障碍机动车停车位，100辆以上时应设置不少于总停车数1%的无障碍机动车停车位。

8.1.3 公共建筑的主要出入口宜设置坡度小于1∶30的平坡出入口。

8.1.4 建筑内设有电梯时，至少应设置1部无障碍电梯。

8.1.5 当设有各种服务窗口、售票窗口、公共电话台、饮水器等时应设置低位服务设施。

8.1.6 主要出入口、建筑出入口、通道、停车位、厕所电梯等无障碍设施的位置，应设置无障碍标志，无障碍标志应符合本规范第3.16节的有关规定；建筑物出入口和楼梯前室宜设楼面示意图，在重要信息提示处宜设电子显示屏。

8.1.7 公共建筑的无障碍设施应成系统设计，并宜相互靠近。

8.2 办公、科研、司法建筑

8.2.1 办公、科研、司法建筑进行无障碍设计的范围包括：政府办公建筑、司法办公建筑、企事业办公建筑、各类科研建筑、社区办公及其他办公建筑等。

8.2.2 为公众办理业务与信访接待的办公建筑的无障碍设施应符合下列规定：

1 建筑的主要出入口应为无障碍出入口；

2 建筑出入口大厅、休息厅、贵宾休息室、疏散大厅等人员聚集场所有高差或台阶时应设轮椅坡道，宜提供休息座椅和可以放置轮椅的无障碍休息区；

3 公众通行的室内走道应为无障碍通道，走道长度大于60.00m时，宜设休息区，休息区应避开行走路线；

4 供公众使用的楼梯宜为无障碍楼梯；

5 供公众使用的男、女公共厕所均应满足本规范第3.9.1条的有关规定或在男、女公共厕所附近设置1个无障碍厕所，且建筑内至少应设置1个无障碍厕所，内部办公人员使用的男、女公共厕所至少应各有1个满足本规范第3.9.1条的有关规定或在男、女公共厕所附近设置1个无障碍厕所；

6 法庭、审判庭及为公众服务的会议及报告厅等的公众坐席座位数为300座及以下时应至少设置1个轮椅席位，300座以上时不应少于0.2%且不少于2个轮椅席位。

8.2.3 其他办公建筑的无障碍设施应符合下列规定：

1 建筑物至少有1处为无障碍出入口，且宜位于主要出入口处；

2 男、女公共厕所至少各有1处应满足本规范第3.9.1条或第3.9.2条的有关规定；

3 多功能厅、报告厅等至少应设置1个轮椅坐席。

8.3 教育建筑

8.3.1 教育建筑进行无障碍设计的范围应包括托儿所、幼儿园建筑、中小学建筑、高等院校建筑、职业教育建筑、特殊教育建筑等。

8.3.2 教育建筑的无障碍设施应符合下列规定：

1 凡教师、学生和婴幼儿使用的建筑物主要出入口应为无障碍出入口，宜设置为平坡出入口；

2 主要教学用房至少设置1部无障碍楼梯；

3 公共厕所至少有1处应满足本规范第3.9.1条的有关规定。

8.3.3 接收残疾生源的教育建筑的无障碍设施应符合下列规定：

1 主要教学用房每层至少有1处公共厕所应满足本规范第3.9.1条的有关规定；

2 合班教室、报告厅以及剧场等应设置不少于2个轮椅坐席，服务报告厅的公共厕所应满足本规范第3.9.1条的有关规定或设置无障碍厕所；

3 有固定座位的教室、阅览室、实验教室等教学用房，应在靠近出入口处预留轮椅回转空间。

8.3.4 视力、听力、言语、智力残障学校设计应符合现行行业标准《特殊教育学校建筑设计规范》JGJ 76的有关要求。

8.4 医疗康复建筑

8.4.1 医疗康复建筑进行无障碍设计的范围应包括综合医院、专科医院、疗养院、康复中心、急救中心和其他所有与医疗、康复有关的建筑物。

8.4.2 医疗康复建筑中，凡病人、康复人员使用的建筑的无障碍设施应符合下列规定：

1 室外通行的步行道应满足本规范第3.5节有关规定的要求；

2 院区室外的休息座椅旁，应留有轮椅停留空间；

3 主要出入口应为无障碍出入口，宜设置为平坡出入口；

4 室内通道应设置无障碍通道，净宽不应小于1.80m，并按照本规范第3.8节的要求设置扶手；

5 门应符合本规范第3.5节的要求；

6 同一建筑内至少设置1部无障碍楼梯；

7 建筑内设有电梯时，每组电梯应至少设置1部无障碍电梯；

8 首层应至少设置1处无障碍厕所；各楼层至少有1处公共厕所应满足本规范第3.9.1条的有关规定或设置无障碍厕所；病房内的厕所应设置安全抓

杆，并符合本规范第3.9.4条的有关规定；

9 儿童医院的门、急诊部和医技部，每层宜设置至少1处母婴室，并靠近公共厕所；

10 诊区、病区的护士站、公共电话台、查询处、饮水器、自助售货处、服务台等应设置低位服务设施；

11 无障碍设施应设符合我国国家标准的无障碍标志，在康复建筑的院区主要出入口处宜设置盲文地图或供视觉障碍者使用的语音导医系统和提示系统、供听力障碍者需要的手语服务及文字提示导医系统。

8.4.3 门、急诊的无障碍设施还应符合下列规定：

1 挂号、收费、取药处应设置文字显示器以及语言广播装置和低位服务台或窗口；

2 候诊区应设轮椅停留空间。

8.4.4 医技部的无障碍设施应符合下列规定：

1 病人更衣室内应留有直径不小于1.50m的轮椅回转空间，部分更衣箱高度应小于1.40m；

2 等候区应留有轮椅停留空间，取报告处宜设文字显示器和语音提示装置。

8.4.5 住院部病人活动室墙面四周扶手的设置应满足本规范第3.8节的有关规定。

8.4.6 理疗用房应根据治疗要求设置扶手，并满足本规范第3.8节的有关规定。

8.4.7 办公、科研、餐厅、食堂、太平间用房的主要出入口应为无障碍出入口。

8.5 福利及特殊服务建筑

8.5.1 福利及特殊服务建筑进行无障碍设计的范围应包括福利院、敬（安、养）老院、老年护理院、老年住宅、残疾人综合服务设施、残疾人托养中心、残疾人体训中心及其他残疾人集中或使用频率较高的建筑等。

8.5.2 福利及特殊服务建筑的无障碍设施应符合下列规定：

1 室外通行的步行道应满足本规范第3.5节有关规定的要求；

2 室外院区的休息座椅旁应留有轮椅停留空间；

3 建筑物首层主要出入口应为无障碍出入口，宜设置为平坡出入口。主要出入口设置台阶时，台阶两侧宜设置扶手；

4 建筑出入口大厅、休息厅等人员聚集场所宜提供休息座椅和可以放置轮椅的无障碍休息区；

5 公共区域的室内通道应为无障碍通道，走道两侧墙面应设置扶手，并满足本规范3.8节的有关规定；室外的连通走道应选用平整、坚固、耐磨、不光滑的材料并宜设防风避雨设施；

6 楼梯应为无障碍楼梯；

7 电梯应为无障碍电梯；

8 居室户门净宽不应小于900mm；居室内走道

净宽不应小于 1.20m；卧室、厨房、卫生间门净宽不应小于 800mm；

9 居室内宜留有直径不小于 1.5m 的轮椅回转空间；

10 居室内的厕所应设置安全抓杆，并符合本规范第 3.9.4 条的有关规定；居室外的公共厕所应满足本规范第 3.9.1 条的有关规定或设置无障碍厕所；

11 公共浴室应满足本规范第 3.10 节的有关规定；居室内的淋浴间或盆浴间应设置安全抓杆，并符合本规范第 3.10.2 及 3.10.3 条的有关规定；

12 居室宜设置语音提示装置。

8.5.3 其他不同建筑类别应符合国家现行的有关建筑设计规范与标准的设计要求。

8.6 体育建筑

8.6.1 体育建筑进行无障碍设计的范围应包括作为体育比赛（训练）、体育教学、体育休闲的体育场馆和场地设施等。

8.6.2 体育建筑的无障碍设施应符合下列规定：

1 特级、甲级场馆基地内应设置不少于停车数量的 2%，且不少于 2 个无障碍机动车停车位，乙级、丙级场馆基地内应设置不少于 2 个无障碍机动车停车位；

2 建筑物的观众、运动员及贵宾出入口应至少各设 1 处无障碍出入口，其他功能分区的出入口可根据需要设置无障碍出入口；

3 建筑的检票口及无障碍出入口到各种无障碍设施的室内走道应为无障碍通道，通道长度大于 60.00m 时宜设休息区，休息区应避开行走路线；

4 大厅、休息厅、贵宾休息室、疏散大厅等主要人员聚集场宜设放置轮椅的无障碍休息区；

5 供观众使用的楼梯应为无障碍楼梯；

6 特级、甲级场馆内各类观众看台区、主席台、贵宾区内如设置电梯应至少各设置 1 部无障碍电梯，乙级、丙级场馆内坐席区有电梯时，至少应设置 1 部无障碍电梯，并应满足赛事和观众的需要；

7 特级、甲级场馆每处观众区和运动员区使用的男、女公共厕所均应满足本规范第 3.9.1 条的规定或在每处男、女公共厕所附近设置 1 个无障碍厕所，且场馆内至少应设置 1 个无障碍厕所，主席台休息区、贵宾休息区至少各设置 1 个无障碍厕所；乙级、丙级场馆的观众区和运动员区各至少 1 处男、女公共厕所应满足本规范第 3.9.1 条的有关规定或各在男、女公共厕所附近设置 1 个无障碍厕所；

8 运动员浴室均应满足本规范第 3.10 节的有关规定；

9 场馆内各类观众看台的坐席区都应设置轮椅席位，并在轮椅席位旁或邻近的坐席处，设置 1:1 的陪护席位，轮椅席位数不应少于观众席位总数

的 0.2%。

8.7 文化建筑

8.7.1 文化建筑进行无障碍设计的范围应包括文化馆、活动中心、图书馆、档案馆、纪念馆、纪念塔、纪念碑、宗教建筑、博物馆、展览馆、科技馆、艺术馆、美术馆、会展中心、剧场、音乐厅、电影院、会堂、演艺中心等。

8.7.2 文化类建筑的无障碍设施应符合下列规定：

1 建筑物至少应有 1 处为无障碍出入口，且宜位于主要出入口处；

2 建筑出入口大厅、休息厅（贵宾休息厅）、疏散大厅等主要人员聚集场所有高差或台阶时应设轮椅坡道，宜设置休息座椅和可以放置轮椅的无障碍休息区；

3 公众通行的室内走道及检票口应为无障碍通道，走道长度大于 60.00m，宜设休息区，休息区应避开行走路线；

4 供公众使用的主要楼梯宜为无障碍楼梯；

5 供公众使用的男、女公共厕所每层至少有 1 处应满足本规范第 3.9.1 条的有关规定或在男、女公共厕所附近设置 1 个无障碍厕所；

6 公共餐厅应提供总用餐数 2% 的活动座椅，供乘轮椅者使用。

8.7.3 文化馆、少儿活动中心、图书馆、档案馆、纪念馆、纪念塔、纪念碑、宗教建筑、博物馆、展览馆、科技馆、艺术馆、美术馆、会展中心等建筑物的无障碍设施还应符合下列规定：

1 图书馆、文化馆等安有探测仪的出入口应便于乘轮椅者进入；

2 图书馆、文化馆等应设置低位目录检索台；

3 报告厅、视听室、陈列室、展览厅等设有观众席位时应至少设 1 个轮椅席位；

4 县、市级及以上图书馆应设盲人专用图书室（角），在无障碍入口、服务台、楼梯间和电梯间入口、盲人图书室前应设行进盲道和提示盲道；

5 宜提供语音导览机、助听器等信息服务。

8.7.4 剧场、音乐厅、电影院、会堂、演艺中心等建筑物的无障碍设施应符合下列规定：

1 观众厅内座位数为 300 座及以下时至少设置 1 个轮椅席位，300 座以上时不应少于 0.2% 且不少于 2 个轮椅席位；

2 演员活动区域至少 1 处男、女公共厕所应满足本规范第 3.9 节的有关规定的要求，贵宾室宜设 1 个无障碍厕所。

8.8 商业服务建筑

8.8.1 商业服务建筑进行无障碍设计的范围包括各类百货店、购物中心、超市、专卖店、专业店、餐饮

建筑、旅馆等商业建筑，银行、证券等金融服务建筑，邮局、电信局等邮电建筑，娱乐建筑等。

8.8.2 商业服务建筑的无障碍设计应符合下列规定：

　　1 建筑物至少应有 1 处为无障碍出入口，且宜位于主要出入口处；

　　2 公众通行的室内走道应为无障碍通道；

　　3 供公众使用的男、女公共厕所每层至少有 1 处应满足本规范第 3.9.1 条的有关规定或在男、女公共厕所附近设置 1 个无障碍厕所，大型商业建筑宜在男、女公共厕所满足本规范第 3.9.1 条的有关规定的同时且在附近设置 1 个无障碍厕所；

　　4 供公众使用的主要楼梯应为无障碍楼梯。

8.8.3 旅馆等商业服务建筑应设置无障碍客房，其数量应符合下列规定：

　　1 100 间以下，应设 1 间～2 间无障碍客房；

　　2 100 间～400 间，应设 2 间～4 间无障碍客房；

　　3 400 间以上，应至少设 4 间无障碍客房。

8.8.4 设有无障碍客房的旅馆建筑，宜配备方便导盲犬休息的设施。

8.9　汽车客运站

8.9.1 汽车客运站建筑进行无障碍设计的范围包括各类长途汽车站。

8.9.2 汽车客运站建筑的无障碍设计应符合下列规定：

　　1 站前广场人行通道的地面应平整、防滑、不积水，有高差时应做轮椅坡道；

　　2 建筑物至少应有 1 处为无障碍出入口，宜设置为平坡出入口，且宜位于主要出入口处；

　　3 门厅、售票厅、候车厅、检票口等旅客通行的室内走道应为无障碍通道；

　　4 供旅客使用的男、女公共厕所每层至少有 1 处应满足本规范第 3.9.1 条的有关规定或在男、女公共厕所附近设置 1 个无障碍厕所，且建筑内至少应设置 1 个无障碍厕所；

　　5 供公众使用的主要楼梯应为无障碍楼梯；

　　6 行包托运处（含小件寄存处）应设置低位窗口。

8.10　公共停车场（库）

8.10.1 公共停车场（库）应设置无障碍机动车停车位，其数量应符合下列规定：

　　1 Ⅰ类公共停车场（库）应设置不少于停车数量 2% 的无障碍机动车停车位；

　　2 Ⅱ类及Ⅲ类公共停车场（库）应设置不少于停车数量 2%，且不少于 2 个无障碍机动车停车位；

　　3 Ⅳ类公共停车场（库）应设置不少于 1 个无障碍机动车停车位；

8.10.2 设有楼层公共停车库的无障碍机动车停车位宜设在与公共交通道路同层的位置，或通过无障碍设施衔接通往地面层。

8.11　汽车加油加气站

8.11.1 汽车加油加气站附属建筑的无障碍设计应符合下列规定：

　　1 建筑物至少应有 1 处为无障碍出入口，且宜位于主要出入口处；

　　2 男、女公共厕所宜满足本规范第 8.13 节的有关规定。

8.12　高速公路服务区建筑

8.12.1 高速公路服务区建筑内的服务建筑的无障碍设计应符合下列规定：

　　1 建筑物至少应有 1 处为无障碍出入口，且宜位于主要出入口处；

　　2 男、女公共厕所应满足本规范第 8.13 节的有关规定。

8.13　城市公共厕所

8.13.1 城市公共厕所进行无障碍设计的范围应包括独立式、附属式公共厕所。

8.13.2 城市公共厕所的无障碍设计应符合下列规定：

　　1 出入口应为无障碍出入口；

　　2 在两层公共厕所中，无障碍厕位应设在地面层；

　　3 女厕所的无障碍设施包括至少 1 个无障碍厕位和 1 个无障碍洗手盆；男厕所的无障碍设施包括至少 1 个无障碍厕位、1 个无障碍小便器和 1 个无障碍洗手盆；并应满足本规范第 3.9.1 条的有关规定；

　　4 宜在公共厕所旁另设 1 处无障碍厕所；

　　5 厕所内的通道应方便乘轮椅者进出和回转，回转直径不小于 1.50m；

　　6 门应方便开启，通行净宽度不应小于 800mm；

　　7 地面应防滑、不积水。

9　历史文物保护建筑无障碍建设与改造

9.1　实施范围

9.1.1 历史文物保护建筑进行无障碍设计的范围应包括开放参观的历史名园、开放参观的古建博物馆、使用中的庙宇、开放参观的近现代重要史迹及纪念性建筑、开放的复建古建筑等。

9.2　无障碍游览路线

9.2.1 对外开放的文物保护单位应根据实际情况设

计无障碍游览路线，无障碍游览路线上的文物建筑宜尽量满足游客参观的需求。

9.3 出 入 口

9.3.1 无障碍游览路线上对游客开放参观的文物建筑对外的出入口至少应设 1 处无障碍出入口，其设置标准要以保护文物为前提，坡道、平台等可为可拆卸的活动设施。

9.3.2 展厅、陈列室、视听室等，至少应设 1 处无障碍出入口，其设置标准要以保护文物为前提，坡道、平台等可为可拆卸的活动设施。

9.3.3 开放的文物保护单位的对外接待用房的出入口宜为无障碍出入口。

9.4 院 落

9.4.1 无障碍游览路线上的游览通道的路面应平整、防滑，其纵坡不宜大于 1：50，有台阶处应同时设置轮椅坡道，坡道、平台等可为可拆卸的活动设施。

9.4.2 开放的文物保护单位内可不设置盲道，当特别需要时可设置，且应与周围环境相协调。

9.4.3 位于无障碍游览路线上的院落内的公共绿地及其通道、休息凉亭等设施的地面应平整、防滑，有台阶处宜同时设置坡道，坡道、平台等可为可拆卸的活动设施。

9.4.4 院落内的休息座椅旁宜设轮椅停留空间。

9.5 服 务 设 施

9.5.1 供公众使用的男、女公共厕所至少应有 1 处满足本规范第 8.13 节的有关规定。

9.5.2 供公众使用的服务性用房的出入口至少应有 1 处为无障碍出入口，且宜位于主要出入口处。

9.5.3 售票处、服务台、公用电话、饮水器等应设置低位服务设施。

9.5.4 纪念品商店如有开放式柜台、收银台，应配备低位柜台。

9.5.5 设有演播电视等服务设施的，其观众区应至少设置 1 个轮椅席位。

9.5.6 建筑基地内设有停车场的，应设置不少于 1 个无障碍机动车停车位。

9.6 信息与标识

9.6.1 信息与标识的无障碍设计应符合下列规定：

　　1　主要出入口、无障碍通道、停车位、建筑出入口、厕所等无障碍设施的位置，应设置无障碍标志，无障碍标志应符合本规范第 3.16 节的有关规定；

　　2　重要的展览性陈设，宜设置盲文解说牌。

附录 A　无障碍标志

表 A　无障碍标志

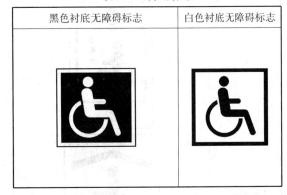

黑色衬底无障碍标志	白色衬底无障碍标志

附录 B　无障碍设施标志牌

表 B　无障碍设施标志牌

用于指示的无障碍设施名称	标志牌的具体形式
低位电话	
无障碍机动车停车位	
轮椅坡道	
无障碍通道	

用于指示的无障碍设施名称	标志牌的具体形式
无障碍电梯	
无障碍客房	
听觉障碍者使用的设施	
供导盲犬使用的设施	
视觉障碍者使用的设施	
肢体障碍者使用的设施	

用于指示的无障碍设施名称	标志牌的具体形式
无障碍厕所	
—	—

附录 C 用于指示方向的无障碍设施标志牌

表 C 用于指示方向的无障碍设施标志牌

用于指示方向的无障碍设施标志牌的名称	用于指示方向的无障碍设施标志牌的具体形式
无障碍坡道指示标志	
人行横道指示标志	
人行地道指示标志	
人行天桥指示标志	

续表 C

用于指示方向的无障碍设施标志牌的名称	用于指示方向的无障碍设施标志牌的具体形式
无障碍厕所指示标志	
无障碍设施指示标志	
无障碍客房指示标志	
低位电话指示标志	

本规范用词说明

1　为便于在执行本规范条文时区别对待，对要求严格程度不同的用词说明如下：

　　1）表示很严格，非这样做不可的：
　　　正面词采用"必须"，反面词采用"严禁"；
　　2）表示严格，在正常情况下均应这样做的：
　　　正面词采用"应"，反面词采用"不应"或"不得"；
　　3）表示允许稍有选择，在条件许可时首先应这样做的：
　　　正面词采用"宜"，反面词采用"不宜"；
　　4）表示有选择，在一定条件下可以这样做的，采用"可"。

2　条文中指明应按其他有关标准执行的写法为："应符合……的规定"或"应按……执行"。

引用标准名录

1　《特殊教育学校建筑设计规范》JGJ 76

中华人民共和国国家标准

无障碍设计规范

GB 50763—2012

条 文 说 明

制 订 说 明

《无障碍设计规范》GB 50763-2012 经住房和城乡建设部 2012 年 3 月 30 日以第 1354 号公告批准、发布。

为便于广大设计、施工、科研、学校等有关单位人员在使用本规范时能正确理解和执行条文规定，《无障碍设计规范》编制组按章、节、条顺序，编制了本规范的条文说明，对条文规定的目的、依据以及执行中需注意的有关事项进行了说明，还着重对强制性条文的强制性理由作了解释。但是，本条文说明不具备与规范正文同等的法律效力，仅供使用者作为理解和把握规范规定时的参考。

目 次

1 总　则

1.0.1 本条规定了制定本规范的目的。

部分人群在肢体、感知和认知方面存在障碍，他们同样迫切需要参与社会生活，享受平等的权利。无障碍环境的建设，为行为障碍者以及所有需要使用无障碍设施的人们提供了必要的基本保障，同时也为全社会创造了一个方便的良好环境，是尊重人权的行为，是社会道德的体现，同时也是一个国家、一个城市的精神文明和物质文明的标志。

1.0.2 本条规定明确了本规范适用的范围和建筑类型。

因改建的城市道路、城市广场、城市绿地、居住区、居住建筑、公共建筑及历史文物保护建筑等工程条件较为复杂，故无障碍设计宜按照本规范执行。

《无障碍设计规范》虽然涉及面广，但也很难把各类建筑全部包括其中，只能对一般建筑类型的基本要求作出规定，因此，本规范未涉及的城市道路、城市广场、城市绿地、建筑类型或有无障碍需求的设计，宜执行本规范中类似的相关类型的要求。

农村道路及公共服务设施应根据实际情况，宜按本规范中城市道路及建筑物的无障碍设计要求，进行无障碍设计。

1.0.3 本条规定了专业性较强行业的无障碍设计。

铁路、航空、城市轨道交通以及水运交通等专业性较强行业的无障碍设计，均有相应行业颁发的无障碍设计标准。所以本条文规定其除应符合本规范外，还应符合相关行业的有关无障碍设计的规定，且应做到与本规范的合理衔接、相辅相成、协调统一。

1.0.4 本条规定了本规范的共性要求。

2 术　语

2.0.11 本条所指的无障碍楼梯不适用于乘轮椅者。

2.0.27 本条所指的无障碍机动车停车位不包含残疾人助力车的停车位。

3 无障碍设施的设计要求

3.1 缘石坡道

3.1.1 为了方便行动不便的人特别是乘轮椅者通过路口，人行道的路口需要设置缘石坡道，在缘石坡道的类型中，单面坡缘石坡道是一种通行最为便利的缘石坡道，丁字路口的缘石坡道同样适合布置单面坡的缘石坡道。实践表明，当缘石坡道顺着人行道路的方向布置时，采用全宽式单面坡缘石坡道（图3-1）最为方便。其他类型的缘石坡道，如三面坡缘石坡道

（图3-2）等可根据具体情况有选择性地采用。

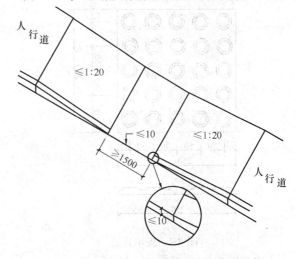

图3-1　全宽式单面坡缘石坡道

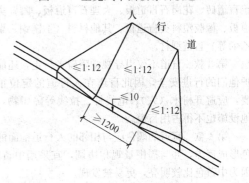

图3-2　三面坡缘石坡道

3.2 盲　道

3.2.1 第1款　盲道有两种类型，一种是行进盲道（图3-3），行进盲道应能指引视觉障碍者安全行走和顺利到达无障碍设施的位置，呈条状；另一种是在行进盲道的起点、终点及拐弯处设置的提示盲道（图3-4），提示盲道能告知视觉障碍者前方路线的空间环境将发生变化，呈圆点形。目前以250mm×250mm的

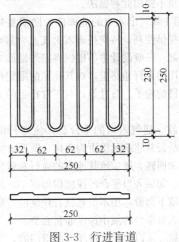

图3-3　行进盲道

成品盲道构件居多。

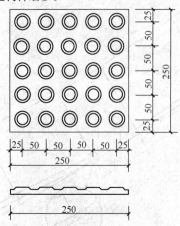

图 3-4 提示盲道

目前使用较多的盲道材料可分成 5 类：预制混凝土盲道砖、花岗石盲道板、大理石盲道板、陶瓷类盲道板、橡胶塑料类盲道板、其他材料（不锈钢、聚氯乙烯等）盲道型材。

第 3 款 盲道不仅引导视觉障碍者行走，还能保护他们的行进安全，因此盲道在人行道的定位很重要，应避开树木（穴）、电线杆、拉线等障碍物，其他设施也不得占用盲道。

第 4 款 盲道的颜色应与相邻的人行道铺面的颜色形成反差，并与周围景观相协调，宜采用中黄色，因为中黄色比较明亮，更易被发现。

3.3 无障碍出入口

3.3.1 第 1 款 平坡出入口，是人们在通行中最为便捷的无障碍出入口，该入口不仅方便了各种行动不便的人群，同时也给其他人带来了便利，应该在工程中，特别是大型公共建筑中优先选用。

第 3 款 主要适用以下情况：在建筑出入口进行无障碍改造时，因为场地条件有限而无法修建坡道，可以采用占地面积小的升降平台取代轮椅坡道。一般的新建建筑不提倡此种做法。

3.3.2 第 1 款 出入口的地面应做防滑处理，为人们进出时提供便利，特别是雨雪天气尤为需要。

第 2 款 一般设计中不提倡将室外地面滤水箅子设置在常用的人行通路上，对其孔宽的限定是为了防止卡住轮椅的轮子、盲杖等，对正常行走的人也提供了便利。

第 4 款 建筑入口的平台是人流通行的集散地带，特别是公共建筑显得更为突出，既要方便乘轮椅者的通行和回转，还应给其他人的通行和停留带来便利和安全。如果入口平台的深度做得很小，就会造成推开门扇就下台阶，稍不留意就有跌倒的危险，因此限定建筑入口平台的最小深度非常必要。

第 5 款 入口门厅、过厅设两道门时，当乘轮椅

者在期间通行时，避免在门扇同时开启后碰撞轮椅，因此对开启门扇后的最小间距作出限定。

3.3.3 调查表明，坡面越平缓，人们越容易自主地使用坡道。《民用建筑设计通则》GB 50352 - 2005 规定基地步行道的纵坡不应小于 0.2%，平坡入口的地面坡度还应满足此要求，并且需要结合室内外高差、建筑所在地的具体情况等综合选定适宜坡度。

3.4 轮 椅 坡 道

3.4.1 坡道形式的设计，应根据周边情况综合考虑，为了避免乘轮椅者在坡面上重心产生倾斜而发生摔倒的危险，坡道不宜设计成圆形或弧形。

3.4.2 坡道宽度应首先满足疏散的要求，当坡道的宽度不小于 1.00m 时，能保证一辆轮椅通行；坡道宽度不小于 1.20m 时，能保证一辆轮椅和一个人侧身通行；坡道宽度不小于 1.50m 时，能保证一辆轮椅和一个人正面相对通行；坡道宽度不小于 1.80m 时，能保证两辆轮椅正面相对通行。

3.4.3 当轮椅坡道的高度在 300mm 及以内时，或者是坡度小于或等于 1：20 时，乘轮椅者及其他行动不便的人基本上可以不使用扶手；但当高度超过 300mm 且坡度大于 1：20 时，则行动上需要借助扶手才更为安全，因此这种情况坡道的两侧都需要设置扶手。

3.4.4 轮椅坡道的坡度可按照其提升的最大高度来选用，当坡道所提升的高度小于 300mm 时，可以选择相对较陡的坡度，但不得小于 1：8。在坡道总提升的高度内也可以分段设置坡道，但中间应设置休息平台，每段坡道的提升高度和坡度的关系可按照表 3.4.4 执行。在有条件的情况下将坡道做到小于 1：12 的坡度，通行将更加安全和舒适。

3.4.5 本条要求坡道的坡面平整、防滑是为了轮椅的行驶顺畅，坡面上不宜加设防滑条或将坡面做成礓蹉形式，因为乘轮椅者行驶在这种坡面上会感到行驶不畅。

3.4.6 轮椅在进入坡道之前和行驶完坡道，进行一段水平行驶，能使乘轮椅者先将轮椅调整好，这样更加安全。轮椅中途要调转角度继续行驶时同样需要有一段水平行驶。

3.4.7 轮椅坡道的侧面临空时，为了防止拐杖头和轮椅前面的小轮滑出，应设置遮挡措施。遮挡措施可以是高度不小于 50mm 的安全挡台，也可以做与地面空隙不大于 100mm 的斜向栏杆等。

3.5 无障碍通道、门

3.5.2 第 4 款 探出的物体包括：标牌、电话、灭火器等潜在对视觉障碍者造成危害的物体，除非这些物体被设置在手杖可以感触的范围之内，如果这些物体距地面的高度不大于 600mm，视觉障碍者就可以

用手杖感触到这些物体。在设计时将探出物体放在凹进的空间里也可以避免伤害。探出的物体不能减少无障碍通道的净宽度。

3.5.3 建筑物中的门的无障碍设计包括其形式、规格、开启宽度的设计，需要考虑其使用方便与安全。乘轮椅者坐在轮椅上的净宽度为750mm，目前有些型号的电动轮椅的宽度有所增大，所以当有条件时宜将门的净宽度做到900mm。

为了使乘轮椅者靠近门扇将门打开，在门把手一侧的墙面应留有宽度不小于400mm的空间，使轮椅能够靠近门把手。

推拉门、平开门的把手应选用横握式把手或U形把手，如果选用圆形旋转把手，会给手部残疾者带来障碍。在门扇的下方安装护门板是为了防止轮椅搁脚板将门扇碰坏。

推荐使用通过按钮自动开闭的门，门及周边的空间尺寸要求也要满足本条规定。按钮高度为0.90m～1.10m。

3.6 无障碍楼梯、台阶

3.6.1 楼梯是楼层之间垂直交通用的建筑部件。

第1款 如采用弧形楼梯，会给行动不便的人带来恐惧感，使其劳累或发生摔倒事故，因此无障碍楼梯宜采用直线形的楼梯。

第3款 踏面的前缘如有突出部分，应设计成圆弧形，不应设计成直角形，以防将拐杖头绊落掉和对鞋面刮碰。

第5款 在栏杆下方设置安全阻挡措施是为了防止拐杖向侧面滑出造成摔伤。遮挡措施可以是高度不小于50mm的安全挡台，也可以做与地面空隙不大于100mm的斜向栏杆等。

第7款 距踏步起点和终点250mm～300mm设置提示盲道是为了提示视觉障碍者所在位置接近有高差变化处。

第8款 楼梯踏步的踏面和梯面的颜色宜有区分和对比，以引起使用者的警觉并利于弱视者辨别。

3.6.2 台阶是在室外或室内的地坪或楼层不同标高处设置的供人行走的建筑部件。

第3款 当台阶比较高时，在其两侧做扶手对于行动不便的人和视力障碍者都很有必要，可以减少他们在心理上的恐惧，并对其行动给予一定的帮助。

3.7 无障碍电梯、升降平台

3.7.1 第1款 电梯是包括乘轮椅者在内的各种人群使用最为频繁和方便的垂直交通设施，乘轮椅者在到达电梯厅后，要转换位置和等候，因此候梯厅的深度做到1.80m比较合适，住宅的候梯厅不应小于1.50m。

第4款 在电梯入口的地面设置提示盲道标志是

为了可以告知视觉障碍者电梯的准确位置和等候地点。

第5款 电梯运行显示屏的规格不应小于50mm×50mm，以方便弱视者了解电梯运行情况。

3.7.2 本条是规定无障碍电梯在规格和设施配备上的要求。为了方便乘轮椅者进入电梯轿厢，轿厢门开启的净宽度不应小于800mm。如果使用1.40m×1.10m的小型梯，轮椅进入电梯后不能回转，只能是正面进入倒退而出，或倒退进入正面而出。使用1.60m×1.40m的中型梯，轮椅正面进入电梯后，可直接回转后正面驶出电梯。医疗建筑与老人建筑宜选用病床专用电梯，以满足担架床的进出。

3.8 扶 手

3.8.1 扶手是协助人们通行的重要辅助设施，可以保持身体平衡和协助使用者的行进，避免发生摔倒的危险。扶手安装的位置、高度、牢固性及选用的形式是否合适，将直接影响到使用效果。无障碍楼梯、台阶的扶手高度应自踏步前缘线量起，扶手的高度应同时满足其他规范的要求。

3.8.3 为了避免人们在使用扶手后产生突然感觉手臂滑下扶手的不安，当扶手为靠墙的扶手时，将扶手的末端加以处理，使其明显感觉利于身体稳定。同时也是为了利于行动不便者在刚开始上、下楼梯或坡道时的抓握。

3.8.4 当扶手安装在墙上时，扶手的内侧与墙之间要有一定的距离，便于手在抓握扶手时，有适当的空间，使用时会带来方便。

3.8.5 扶手要安装牢固，应能承受100kg以上的重量，否则会成为新的不安全因素。

3.9 公共厕所、无障碍厕所

3.9.1 此处的公共厕所指不设单独的无性别厕所，而是在男、女厕所内分设无障碍厕位的供公众使用的厕所。

3.9.2 无障碍厕位为厕所内的无障碍设施，本条规定了无障碍厕位的做法。

第1款 在公共厕所内，选择通行方便的适当位置，设置1个轮椅可进入使用的坐便器的专用厕位。专用厕位分大型和小型两种规格。在厕位门向外开时，大型厕位尺寸宜做到2.00m×1.50m，这样轮椅进入后可以调整角度和回转，轮椅可在坐便器侧面靠近后平移就位。小型厕位尺寸不应小于1.80m×1.00m，轮椅进入后不能调整角度和回转，只能从正面对着坐便器进行身体转移，最后倒退出厕位。因此，如果有条件时，宜选择2.00m×1.50m的大型厕位。

第2款 无障碍厕位的门宜向外开启，轮椅需要通行的区域通行净宽均不应小于800mm，当门向外开启时，门扇里侧应设高 900mm 的关门拉手，待轮椅进入后便于将门关上。

第 3 款　在坐便器的两侧安装安全抓杆（图 3-5），供乘轮椅者从轮椅上转移到坐便器上以及挂拐杖者在起立时使用。安装在墙壁上的水平抓杆长度为 700mm，安装在另一侧的水平抓杆一般为 T 形，这种 T 形水平抓杆的长度为 550mm～600mm，可做成固定式，也可做成悬臂式可转动的抓杆，转动的抓杆可做水平旋转 90° 和垂直旋转 90° 两种，在使用前将抓杆转到贴近墙面上，不占空间，待轮椅靠近坐便器后再将抓杆转过来，协助乘轮椅者从轮椅上转换到坐便器上。这种可旋转的水平抓杆的长度可做到 600mm～700mm。

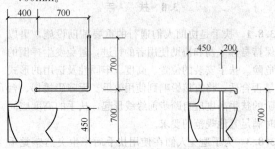

图 3-5　坐式便器及安全抓杆

3.9.3　此处的无障碍厕所是无性别区分、男女均可使用的小型厕所。可以在家属的陪同下进入，它的方便性受到了各种人群的欢迎。尽量设在公共建筑中通行方便的地段，也可靠近公共厕所，并用醒目的无障碍标志给予区分。这种厕所的面积要大于无障碍专用厕位。

3.9.4　本条规定了厕所里的其他无障碍设施的做法。

第 1 款　低位小便器的两侧和上部设置安全抓杆，主要是供使用者将胸部靠住，使重心更为稳定。

第 2 款　无障碍洗手盆的安全抓杆可做成落地式和悬挑式两种，但要方便乘轮椅者靠近洗手盆的下部空间。水龙头的开关应方便开启，宜采用自动感应出水开关。

第 3 款　安全抓杆设在坐便器、低位小便器、洗手盆的周围，是肢体障碍者保持身体平衡和进行移动不可缺少的安全保护措施。其形式有很多种，一般有水平式、直立式、旋转式及吊环式等。安全抓杆要尽量少占地面空间，使轮椅靠近各种设施，以达到方便的使用效果。安全抓杆要安装牢固，应能承受 100kg 以上的重量。安装在墙上的安全抓杆内侧距墙面不小于 40mm。

3.10　公 共 浴 室

3.10.1　公共浴室无障碍设计的要求是出入口、通道、浴间及其设施均应方便行动不便者通行和使用，公共浴室的浴间有淋浴和盆浴两种，无论是哪

种，都应该保证有一个为无障碍浴间，另外无障碍洗手盆也是必备的无障碍设施。地面的做法要求防滑和不积水。浴间的入口最好采用活动的门帘，如采用平开门时，门扇应该向外开启，这样做一是可以节省浴间面积，二是在紧急情况时便于将门打开进行救援。

3.11　无障碍客房

3.11.1　无障碍客房应设在便于到达、疏散和进出的位置；比如设在客房区的底层以及靠近服务台、公共活动区和安全出口的位置，以方便使用者到达客房、参与各种活动及安全疏散。

3.11.2　客房内需要留有直径不小于 1.50m 的轮椅回转空间，可以将通道的宽度做到不小于 1.50m，因为通道是客房使用者开门、关门及通行与活动的枢纽，在通道内存取衣物和从通道进入卫生间，也可以在客房床位的一侧留有直径不小于 1.50m 的轮椅回转空间，以方便乘轮椅者料理各种相关事务。

3.11.5　客房床面的高度、坐便器的高度、浴盆或淋浴座椅的高度，应与标准轮椅坐高一致，以方便乘轮椅者进行转移。在卫生间及客房的适当部位，需设救助呼叫按钮。

3.12　无障碍住房及宿舍

3.12.1、3.12.2　无障碍住房及宿舍户门及内门的设计要满足轮椅的通行要求。户内、外通道要满足无障碍的要求，达到方便、安全、便捷。在很多设计中，阳台的地坪与居室存在高差，或地面上安装有落地门框影响无障碍通行，可采取设置缓坡和改变阳台门安装方式来解决。

3.12.3　室内卫生间是极容易出现跌倒事故的地方，设计中要为使用者提供方便牢固的安全抓杆，并根据这些配置的要求调整洁具之间的距离。

3.12.4　根据无障碍使用人群的分类，在居住建筑的套内空间，有目的地设置相应的无障碍设施；若设计时还不能确认使用者的类型，则所有设施要按照规范一次设计到位。室内各使用空间的面积都略大于现行国家标准《住宅设计规范》GB 50096-1999 中相应的最低面积标准，为轮椅通行和停留提供一定的空间。无障碍宿舍的设施和家具一般都是一次安装到位的，所有的要求需按照本规范详细执行。

3.13　轮 椅 席 位

3.13.1　轮椅席位应设在出入方便的位置，如靠近疏散口及通道的位置，但不应影响其他观众席位，也不应妨碍公共通道的通行，其通行路线要便捷，要能够方便地到达休息厅和有无障碍设施的公共厕所。轮椅席位可以集中设置，也可以分地段设置，平时也可以用作安放活动座椅等使用。

3.13.3　影剧院、会堂等观众厅的地面有一定坡度，

但轮椅席位的地面要平坦，否则轮椅倾斜放置会产生不安全感。为了防止乘轮椅者和其他观众座椅碰撞，在轮椅席位的周围宜设置栏杆或栏板，但也不应遮挡他人的视线。

3.13.4 轮椅席的深度为1.10m，与标准轮椅的长度基本一致，一个轮椅席位的宽度为800mm，是乘轮椅者的手臂推动轮椅时所需的最小宽度。

3.13.6 考虑到乘轮椅者大多有人陪伴出行，为方便陪伴的人在其附近。轮椅席位旁宜设置一定数量的陪护席位，陪护席位也可以设置在附近的观众席内。

3.14 无障碍机动车停车位

3.14.1 无论设置在地上或是地下的停车场地，应将通行方便、距离出入口路线最短的停车位安排为无障碍机动车停车位，如有可能宜将无障碍机动车停车位设置在出入口旁。

3.14.3 停车位的一侧或与相邻停车位之间应留有宽1.20m以上的轮椅通道，方便肢体障碍者上下车，相邻两个无障碍机动车停车位可共用一个轮椅通道。

3.15 低位服务设施

3.15.1～3.15.4 低位服务设施可以使乘轮椅人士或身材较矮的人士方便地接触和使用各种服务设施。除了要求它的上表面距地面有一定的高度以外，还要求它的下方有足够的空间，以便于轮椅接近。它的前方应留有轮椅能够回转的空间。

3.16 无障碍标识系统、信息无障碍

3.16.1 通用的无障碍标志是选用现行国家标准《标志用公共信息图形符号 第9部分：无障碍设施符号》GB/T 10001.9－2008中的无障碍设施标志。通用的无障碍标志和图形的大小与其观看的距离相匹配，规格为100mm×100mm～400mm×400mm。为了清晰醒目，规定了采用两种对比强烈的颜色，当标志牌为白色衬底时，边框和轮椅为黑色；标志牌为黑色衬底时，边框和轮椅为白色。轮椅的朝向应与指引通行的走向保持一致。

无障碍设施标志牌和带指示方向的无障碍设施标志牌也是无障碍标志的组成部分，设置的位置应该能够明确地指引人们找到所需要使用的无障碍设施。

3.16.2 盲文地图设在城市广场、城市绿地和公共建筑的出入口，方便视觉障碍者出行和游览；盲文铭牌主要用于无障碍电梯的低位横向按钮、人行天桥和人行地道的扶手、无障碍通道的扶手、无障碍楼梯的扶手等部位，帮助视觉障碍者辨别方向；盲文站牌设置在公共交通的站台上，引导视觉障碍者乘坐公共交通。

3.16.3 信息无障碍是指无论健全人还是行动障碍者，无论年轻人还是老年人，无论语言文化背景和教育背景如何，任何人在任何情况下都能平等、方便、无障碍地获取信息或使用通常的沟通手段利用信息。

在获取信息方面，视觉障碍者是最弱的群体，因此应给视觉障碍者提供更好的设备和设施来满足他们的日常生活需要。其中为视觉障碍者服务的设施包括盲道、盲文标识、语音提示导盲系统（听力补偿系统）、盲人图书室（角）等，为视觉障碍者服务的设备包括便携导盲定位系统、无障碍网站和终端设备、读屏软件、助视器、信息家居设备等。为视觉障碍者服务的设施应与背景形成鲜明的色彩对比。

盲道的设置位置具体见本规范的其他章节。盲文标识一般设置在视觉障碍者经常使用的建筑物的楼层示意图、楼梯、扶手、电梯按钮等部位。音响信号适用于城市交通系统。视觉障碍者图书室（角）是为视觉障碍者提供的专门获取信息的公共场所，应提供无障碍终端设备、读屏软件、助视器等设施。便携导盲定位系统是为视觉障碍者提供出行定位的好帮手，可以利用手机、盲杖等载体。为视觉障碍者服务的信息家居设备主要包括鸣响的水壶等生活设施。

为听觉障碍者服务的设施包括电子显示屏、同步传声助听设备、提示报警灯（音响频闪显示灯），为听觉障碍者服务的设备包括视频手语、助听设备、可视电话、信息家居设备等。

电子显示屏应设置在城市道路和建筑物明显的位置，便于人们在第一时间获取信息。同步传声助听设备是在建筑物中设置的一套音响加强传递系统，听觉障碍者持终端即可接听信息。提示报警灯（音响频闪显示灯）是为人员逃生时指示方向使用的，应设置在疏散路线上，同时应伴有语音提示。另外建议在有视频的地方加设视频手语解说，家居方面设置可视对讲门禁、提示报警灯等设备。

为全社会服务的设施应包括标识、标牌、楼层示意图、语音提示系统、电子显示屏、语言转换系统等。信息无障碍设施并非只适用于无障碍人士，实际它使我们社会上的每个人都在受益。信息无障碍的发展是全社会文明的标志，是社会进步的缩影。信息无障碍应使任何人在任何地点都能享受到信息的服务。如清晰的标识和标牌使一些初到陌生地方的人或语言障碍的外国人能准确找到目标。

标识和标牌安装的位置应统一，主要设置在人们行走时需要做出决定的地方，并且标识和标牌大小、图案应规范，避免安装在阴影区或者反光的地方，并且和周围的背景应有反差。楼层示意图应布置在建筑入口和电梯附近，宜同时附有盲文和语音提示设施。

4 城市道路

4.1 实施范围

4.1.1 城市道路进行无障碍设计的范围包括主干路、

次干路、支路等城市各级道路，郊区、区县、经济开发区等城镇主要道路，步行街等主要商业区道路，旅游景点、城市景观带等周边道路，以及其他有无障碍设施设计需求的各类道路，确保城市道路范围内无障碍设施布置完整，构建无障碍物质环境。

4.1.2、4.1.3 城市道路涉及人行系统的范围均应进行无障碍设计，不仅对无障碍设计范围给予规定，并进一步对城市道路应进行无障碍设计的位置提出要求，便于设计人员及建设部门进行操作。

4.2 人 行 道

4.2.1 第1款 人行道是城市道路的重要组成部分，人行道在路口及人行横道处与车行道如有高差，不仅造成乘轮椅者的通行困难，也会给人行道上行走的各类群体带来不便。因此，人行道在交叉路口、街坊路口、单位出入口、广场出入口、人行横道及桥梁、隧道、立体交叉范围等行人通行位置，通行线路存在立缘石高差的地方，均应设缘石坡道，以方便人们使用。

第2款 人行横道两端需设置缘石坡道，为肢体障碍者及全社会各类人士作出提示，方便人们使用。

4.2.2 第1、2款 盲道及其他信息设施的布置，要为盲人通行的连续性和安全性提供保证。因此在城市主要商业街、步行街的人行道及视觉障碍者集中区域（指视觉障碍者人数占该区域人数比例1.5%以上的区域，如盲人学校、盲人工厂、医院等）的人行道需设置盲道，协助盲人通过盲杖和脚感的触觉，方便安全地行走。

第3款 坡道的上下坡边缘处需设置提示盲道，为视觉障碍者及全社会各类人士作出提示，方便人们使用。

4.2.3 要满足轮椅在人行道范围通行无障碍，要求人行道中设有台阶的位置，同时应设有坡道，以方便各类人群的通行。坡道设置时应避免与行人通行产生矛盾，在设施布置时，尽量避免轮椅坡道通行方向与行人通行方向产生交叉，尽可能使两个通行流线相平行。

4.2.4 人行道范围内的服务设施是无障碍设施的重要部分，是保证残障人士平等参与社会活动的重要保障设施，服务设施宜针对视觉障碍者、听觉障碍者及肢体障碍者等不同类型的障碍者分别进行考虑，满足各类行动障碍者的服务需求。

4.3 人 行 横 道

4.3.1 第1款 人行横道设置时，人行横道的宽度要满足轮椅通行的需求。在医院、大剧院、老年人公寓等特殊区域，由于轮椅使用数量相对较多，人行横道的宽度还要考虑满足一定数量轮椅同时通行的需求，避免产生安全隐患。

第2款 人行横道中间的安全岛，会有高出车行道的情况，影响了乘轮椅者的通行，因此安全岛设置需要考虑与车行道同高或安全岛两侧设置缘石坡道，并从通行宽度方面给予要求，从而方便乘轮椅者通行。

第3款 音响设施需要为视觉障碍者的通行提供有效的帮助，在路段提供是否通行和还有多长的通行时间等信息，在路口还需增加通行方向的信息。通过为视觉障碍者提供相关的信息，保证他们过街的安全性。

4.4 人行天桥及地道

4.4.1 人行天桥及地道出入口处需设置提示盲道，针对行进规律的变化及时为视觉障碍者提供警示。同时当人行道中有行进盲道时，应将其与人行天桥及人行地道出入口处的提示盲道合理衔接，满足视觉障碍者的连续通行需求。

4.4.2 人行天桥及地道的设计，在场地条件允许的情况下，应尽可能设置坡道或无障碍电梯。当场地条件存在困难时，需要根据规划条件，在进行交通分析时，对行人服务对象的需求进行分析，从道路系统与整体环境要求的高度进行取舍判断。

人行天桥及地道处设置坡道，方便乘轮椅者及全社会各类人士的通行，当设坡道有困难时可设无障碍电梯，构成无障碍环境，完成无障碍通行。无障碍电梯需求量大或条件允许时，也可进行无障碍电梯设置，满足乘轮椅者及全社会各类人士的通行需求，提高乘轮椅者及全社会各类人士的通行质量。

人行天桥及地道处的坡道设置，是为了方便乘坐轮椅者能够靠自身力量安全通行。弧线形坡道布置，坡道两侧的长度不同，形成的坡度有差异，因此对坡道的设计提出相应的指标控制要求。

4.4.3 人行天桥和人行地道设扶手，是为了方便行动不便的人通行，未设扶手的人行天桥及地道，曾发生过老年人和行动障碍者摔伤事故，其原因并非

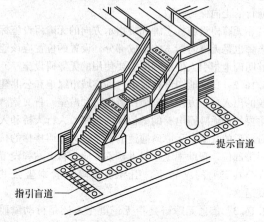

图4-1 人行天桥提示盲道示意图

技术、经济上的困难，而是未将扶手作为使用功能来重视。在无障碍设计中，扶手同样是重要设施之一。坡道扶手水平段外侧宜设置盲文铭牌，可使视觉障碍者了解自己所在位置及走向，方便其继续行走。

4.4.4 人行天桥及地道处无法满足弱势群体通行需求情况下，可考虑通过地面交通实现弱势群体安全通行的需求，体现无障碍设计的多样化及人性化。

4.4.5 人行天桥桥下的三角区，对于视觉障碍者来说是一个危险区域，容易发生碰撞，因此应在结构边缘设置提示盲道，避免安全隐患。

4.5 公交车站

4.5.1 公交车站处站台有效宽度应满足轮椅通行与停放的要求，并兼顾其他乘客的通行，当公交车站设在车道之间的分隔带上时，为了使行动不便的人穿越非机动车道，安全地到达分隔带上的公交候车站，应在穿行处设置缘石坡道，缘石坡道应与人行横道相对应。

4.5.2 在我国，视觉障碍者的出行，如上班、上学、购物、探亲、访友、办事等主要靠公共交通，因此解决他们出门找到车站和提供交通换乘十分重要，为了视觉障碍者能够方便到达公交候车站、换乘公交车辆，需要在候车站范围设置提示盲道和盲文站牌。

在公交候车站铺设提示盲道主要方便视觉障碍者了解候车站的位置，人行道中有行进盲道时，应与公共车站的提示盲道相连接。

为了给视觉障碍者提供更好的公交站牌信息，在城市主要道路和居住区的公交车站，应安装盲文站牌或有声服务设施，盲文站牌的设置，既要方便视觉障碍者的使用，又要保证安全，防止倒塌，且不易被人破坏。

4.6 无障碍标识系统

4.6.1~4.6.3 凡设有无障碍设施的道路人行系统中，为了能更好地为残障人士服务，并易于被残障人士所识别，应在无障碍设计地点显著位置上安装符合我国国家标准的无障碍标志牌，标志牌应反映一定区域范围内的无障碍设施分布情况，并提示现况位置。无障碍标识的布置，应根据指示、引导和确认的需求进行设计，沿通行路径布置，构成完整引导系统。

悬挂醒目的无障碍标志，一是使用者一目了然，二是告知无关人员不要随意占用。城市中的道路交通，应尽可能提供多种标志和信息源，以适合各种残障人士的不同要求。

无障碍设施标志牌可与其他交通设施标志牌协调布置，更好地为道路资源使用者服务。

5 城市广场

5.1 实施范围

5.1.1 城市广场的无障碍设计范围是根据《城市道路设计规范》CJJ 37中城市广场篇的内容而定，并把它们分成公共活动广场和交通集散广场两大类。城市广场是人们休闲、娱乐的场所，为了使行动不便的人能与其他人一样平等地享有出行和休闲的权利，平等地参与社会活动，应对城市广场进行无障碍设计。

5.2 实施部位和设计要求

5.2.1 随着我国机动车保有量的增大，乘轮椅者乘坐及驾驶机动车出游的几率也随之增加。因此，在城市广场的公共停车场应设置一定数量的无障碍机动车停车位。无障碍机动车停车位的数量应当根据停车场地大小而定。

5.2.7 广场的无障碍设施处应设无障碍标志，带指示方向的无障碍设施标志牌应与无障碍设施标志牌形成引导系统，满足通行的连续性。

6 城市绿地

6.1 实施范围

6.1.1 在高速城市化的建设背景下，城市绿地与人们日常生活的关系日益紧密，是现代城市生活中人们亲近自然、放松身心、休闲健身使用频率最高的公共场所。随着其日常使用频率的加大，使用对象的增多，城市绿地的无障碍建设显得尤为突出，也成为创建舒适、宜居现代城市必要的基础设施条件之一。

依据现行行业标准《城市绿地分类标准》CJJ/T 85，城市绿地分为城市公园绿地、生产绿地、防护绿地、附属绿地、其他绿地（包括风景名胜区、郊野城市绿地、森林城市绿地、野生动植物园、自然保护区、城市绿化隔离带等）共五类。其中，城市公园绿地、附属绿地以及其他绿地中对公众开放的部分，其建设的宗旨是为人们提供方便、安全、舒适和优美的生活环境，满足各类人群参观、游览、休闲的需要。因此城市绿地的无障碍设施建设是非常重要的；城市绿地的无障碍设施建设应该针对上述范围实施。

6.2 公园绿地

6.2.1 本标准是基于综合性公园绿地设计编写的，其他类型的绿地设计可根据其性质和规模大小参照执行。

6.2.2 第3款 窗口前设提示盲道是为了帮助视觉障碍者确定窗口位置。

6.2.3　第1款　公园绿地主要出入口是游客游园的必经之路，应设置为无障碍出入口以便于行动不便者通行。因为行动障碍者、老人等行动不便的人行进速度较普通游客慢，在节假日或高峰时段，游客量急剧增大，游客混行可能引发交通受阻的情况，可设置无障碍专用绿色通道引导游客分流出入，可以避免相互间的干扰，有助于消除发生突发性事件时的安全隐患。

第2款　出入口无障碍专用通道宽度设置不应小于1.20m，以保证一辆轮椅和一个人侧身通过，条件允许的情况下，建议将无障碍专用通道宽度设置为1.80m，这样可以保证同时通行两辆轮椅。

第3款　出入口设置车挡可以有效减少机动车、人力三轮车对人行空间的干扰，但同时应确保游人及轮椅通过，实现出入口的无障碍通行。车挡设置最小间距是为了保证乘轮椅者通过，车挡前后需设置轮椅回转空间，供乘轮椅者调整方向。

6.2.4　中国园林大多为自然式山水园，公园也以山水园林居多，地形高差变化较大，山形水系丰富。因此实现所有道路、景点无障碍游览是很困难的，这就需要在规划设计阶段，根据城市绿地的场地条件以及城市园林规划部门意见来规划专门的游览路线，串联主要景区和景点，形成无障碍游览系统，以实现大部分景区的无障碍游览。无障碍游览路线的设置目的一方面是为了让乘轮椅者能够游览主要景区或景点，另一方面是为老年人、体弱者等行动不便的人群在游园时提供方便，提高游园的舒适度。无障碍游览路线包括无障碍主园路、无障碍支园路或无障碍小路。

第1款　无障碍游览主园路是无障碍游览路线的主要组成部分，它连接城市绿地的主要景区和景点，保证所有游人的通行。无障碍游览主园路人流量大，除场地条件受限的情况外，设计时应结合城市绿地的主园路设置，避免重复建设。无障碍游览主园路的设置应与无障碍出入口相连，一般应独立形成环路，避免游园时走回头路，在条件受限时，也可以通过无障碍游览支园路形成环路。根据《城市绿地设计规范》GB 50420-2007，"主路纵坡宜小于8%……山地城市绿地的园路纵坡应小于12%"。考虑到在城市绿地中轮椅长距离推行的情况，无障碍游览主园路的坡度定为5%，既能满足一部分乘轮椅者在无人帮助的条件下独立通行，也可以使病弱及老年人通行更舒适和安全。山地城市绿地在用地受限制，实施有困难的局部地段，无障碍游览主园路纵坡应小于8%。

第2款　无障碍游览支园路和小路是无障碍游览路线的重要组成部分，应能够引导游人到达城市绿地局部景点。无障碍游览支园路应能与无障碍游览主园路连接，形成环路；无障碍游览小路不能形成环路时，尽端应设置轮椅回转空间，便于轮椅掉头。通行轮椅的小路的宽度不小于1.20m。

第3款　当园路的坡度大于8%时，考虑到园林景观的需求，建议每隔10.00m～20.00m设置一处休息平台，以供行动不便的人短暂停留、休息。

第4款　乘轮椅者的视线水平高度一般为1.10m，为防止乘轮椅者沿湖观景时跌落水中，安全护栏不应低于900mm。

第5款　在地形险要路段设置安全警示线可以起到提示作用，提示游人尤其是视觉障碍者危险地段的位置，设置安全护栏可以防止发生跌落、倾覆、侧翻事故。

第6款　不平整和松动的地面会给轮椅的通行带来困难，积水地面和软硬相间的铺装给拄拐杖者的通行带来危险，因此无障碍游览园路的路面应平整、防滑、不松动。

6.2.5　无障碍休憩区是为方便行动不便的游客游园，为其在园内的活动或休憩提供专用的区域，体现以人为本的设计原则。在无障碍出入口附近或无障碍游览园路沿线设置无障碍游憩区可以使行动不便的游客便于抵达，并宜设置专用标识以区别普通活动区域。

第3款　广场树池高出广场地面，可以防止轮椅掉进树坑，如果树池与广场地面相平，加上与地面相平的箅子也可以防止轮椅的行进受到影响。

6.2.6　第2款　无障碍游憩设施主要是指为行动不便的人群提供必要的游憩、观赏、娱乐、休息、活动等内容的游憩设施，包括单体建筑、组合建筑、建筑院落、码头、桥、活动场等。

第2款2)　单体建筑和组合建筑均应符合无障碍设计的要求。入口有台明和台阶时，台明不宜过高，否则轮椅坡道会较长，甚至影响建筑的景观效果。室内地面有台阶时，应设置满足轮椅通行的坡道。

第2款3)　院落的出入口、院内广场、通道以及内廊之间应能形成连续的无障碍游线，有高差时，应设置轮椅坡道。为避免迂回，在有三个以上出入口时，应设两个以上无障碍出入口，并在不同方向。院落内廊宽度至少要满足一辆轮椅和一个行人能同时通行，因此宽度不宜小于1.20m。

第2款4)　码头只规定码头与无障碍园路和广场衔接处应满足无障碍设计的规定，连接码头与船台甲板以及甲板与渡船之间的专用设施或通道也应为无障碍的，但因为非本规范适用范围，条文并未列出。

第2款5)　无障碍游览路线上的园桥在无障碍园路、广场的衔接的地方、桥面的坡度、通行宽度以及桥面做法，应考虑到行动不便的人群的安全需要，桥面两侧应设栏杆。

第3款　服务设施包括小卖店、茶座、咖啡厅、餐厅、摄影部以及服务台、业务台、咨询台、售货柜台等，均应满足无障碍设计的要求。

第4款　公共设施包括公共厕所、饮水器、洗手台、垃圾箱、游客服务中心和休息座椅等，均应满足无障碍设计的要求。

第5款　管理设施主要是指各种面向游客的管理功能的建筑，如：管理处、派出所等，均应满足无障碍设计的要求。

6.2.7　公园绿地中应尽可能提供多种标志和信息源，以适合不同人群的不同需求。例如：以各种符号和标志帮助行动障碍者，引导其行动路线和到达目的地，使人们最大范围地感知其所处环境的空间状况，缩小各种潜在的、心理上的不安因素。

6.2.8　第1款　视觉障碍者可以通过触摸嗅闻和言传而领悟周围环境，感应周围的动物和植物，开阔思想和生活空间，增加生活情趣，感受大自然的赋予，因此大型植物园宜设置盲人植物区域或者植物角，使其游览更为方便和享受其中的乐趣。

第2款　各类公园的展示区、展览区也应充分考虑各种人群的不同需要，要使乘坐轮椅者便于靠近围栏或矮围墙，并留出一定数量便于乘坐轮椅者观看的窗口和位置。

7　居住区、居住建筑

7.1　道　路

7.1.1、7.1.2　居住区的道路与公共绿地的使用是否便捷，直接影响着居民的日常生活品质。2009年，我国老龄人口已超过1.67亿，且每年以近800万的速度增加，以居家为主的人口数量也随之增加。居住区的无障碍建设，满足了老年人、妇女儿童和残障人士出行和生活的无障碍需求，同时也反映了城市化发展以人为本的原则。本章中，道路和公共绿地的分类与《城市居住区规划设计规范》GB 50180一致。

7.2　居住绿地

7.2.1　居住绿地是居民日常使用频率最高的绿地类型，在城市绿地中占有较大比重，与城市生活密切相关。老年人、儿童及残障人士日常休憩活动的主要场所就是居住区内的居住绿地。因此在具备条件的地坪平缓的居住区，所有对居民开放使用的组团绿地、宅间绿地均应满足无障碍要求；对地形起伏大，高差变化复杂的山地城市居住区，很难保证每一块绿地都满足无障碍要求，但至少应有一个开放式组团绿地或宅间绿地应满足无障碍要求。

7.2.2　第1款　无障碍出入口的设置位置应方便居民使用，当条件允许时，所有出入口最好都符合无障碍的要求。

第2款　居住绿地内的活动广场是老年人、儿童日常活动交流的主要场所，活动广场与相接路面、地面不宜出现高差，因景观需要，设计下沉或抬起的活

动广场时，高差不宜大于300mm，并应采用坡道处理高差，不宜设计台阶；当设计高差大于300mm时，至少必须设置一处轮椅坡道，以便轮椅使用者通行；设计台阶时，每级台阶高度不宜大于120mm，以便老年人及儿童使用。

第3款　当居住区的道路设有盲道时，道路盲道应延伸至绿地入口，以便于视觉障碍者前往开放式绿地时掌握绿地的方位和出入口。

7.2.3　第1款　居住绿地内的游步道，老年人、乘轮椅者及婴儿车的使用频率非常高，为便于上述人群的使用，不宜设置台阶。游步道纵坡坡度是依据建设部住宅产业促进中心编写的《居住区环境景观设计导则》（2006版），并参考了日本的无障碍设计标准而制定的。当游步道因景观需要或场地条件限制，必须设置台阶时，应同时设置轮椅坡道，以保障轮椅通行。

第2款　居住绿地内的亭、廊、榭、花架等园林建筑，是居民、特别是老年人等行动不便者日常休憩交流的主要场所，因而上述休憩设施的地面不宜与周边场地出现高差，以便居民顺利通行进入。如因景观需要设置台明、台阶时，必须设置轮椅坡道。

第3款　在休息座椅旁要留有适合轮椅停留的空地，以便乘轮椅者安稳休息和交谈，避免轮椅停在绿地的通路上，影响他人行走。设置的数量不宜少于总数量的10%。

7.2.4　第1款　为保障安全，减少儿童攀爬机会，便于居民活动，林下活动广场应以高大荫浓的乔木为主，分枝点不应小于2.2m；对于北方地区，应以落叶乔木为主，且应有较大的冠幅，以保障活动广场夏季的遮阳和冬季的光照。

第2款　为便于对儿童的监护，儿童活动场周围应有较好的视线，所以在儿童活动场地进行种植设计时，注意保障视线的通透。在儿童活动场地周围种植灌木时，灌木要求选用萌发力强、直立生长的中高型树种，因为矮形灌木向外侧生长的枝条大都在儿童身高范围内，儿童在互相追赶、奔跑嬉戏时，易造成枝折人伤。一些丛生型植物，叶质坚硬，其叶形如剑，指向上方，这类植物如植在儿童活动场周围，极易发生危险。

7.3　配套公共设施

7.3.1、7.3.2　居住区的配套公共建筑需考虑居民的无障碍出行和使用。重点是解决交通和如厕问题。特别是居家的行为障碍者经常光顾和停留的场所，如物业管理、居委会、活动站、商业等建筑，是居民近距离地解决生活需求、精神娱乐、人际交往的场所。无障碍设施的便利，能极大地提高居住区的生活品质。

7.3.3　随着社会经济的飞速发展，居民的机动车拥有量也在不断增加。停车场和车库的无障碍设计，在

满足行为障碍者出行的基础上，也为居民日常的购物搬运提供便捷。

7.4 居住建筑

7.4.1 居住建筑无障碍设计的贯彻，反映了整体居民生活质量的提高。实施范围涵盖了住宅、公寓和宿舍等多户居住的建筑。商住楼的住宅部分执行本条规定。在独栋、双拼和联排别墅中作为首层单户进出的居住建筑，可根据需要选择使用。

7.4.2 第1款 居住建筑出入口的无障碍坡道，不仅能满足行为障碍者的使用，推婴儿车、搬运行李的正常人也能从中得到方便，使用率很高。入口平台、公共走道和设置无障碍电梯的候梯厅的深度，都要满足轮椅的通行要求。通廊式居住建筑因连通户门间的走廊很长，首层会设置多个出入口，在条件许可的情况下，尽可能多的设置无障碍出入口，以满足使用人群出行的方便，减少绕行路线。

第2款 在设有电梯的居住建筑中，单元式居住建筑至少设置一部无障碍电梯；通廊式居住建筑在解决无障碍通道的情况下，可以有选择地设置一部或多部无障碍电梯。

7.4.3 无障碍住房及宿舍的设置，可根据规划方案和居住需要集中设置，或分别设置于不同的建筑中。

7.4.4 低层（多层）住宅及公寓，因建设条件和资金的限制，很多建筑未设置电梯。在进行无障碍住房设计时，要尽量建于底层，减少无障碍竖向交通的建设量。另外要着重考虑的是，多层居住建筑首层无障碍坡道的设置，使其能真正达到无障碍入户的标准。已建多层居住建筑入口无障碍改造的工作，比高层居住建筑的改造要艰难，多因与原设计楼梯的设置发生矛盾，在新建建筑中要妥善考虑。

7.4.5 无障碍宿舍的设置，是满足行动不便人员参与学习和社会工作的需求。即使明确没有行为障碍者的学校和单位，也要设计至少不少于男女各1套无障碍宿舍，以备临时和短期需要，并可根据需要增加设置的套数。

8 公 共 建 筑

8.1 一 般 规 定

8.1.1 第1款 建筑基地内的人行道应保证无障碍通道形成环线，并到达每个无障碍出入口。在路口处及人行横道处均应设置缘石坡道，没有人行横道线的路口，优先采用全宽式单面坡缘石坡道。

8.1.2 建筑基地内总停车数是地上、地下停车数量的总合。在建筑基地内应布置一定数量的无障碍机动车停车位是为了满足各类人群无障碍停车的需求，同时也是为了更加合理地利用土地资源，在制定总停车

的数量与无障碍机动车停车位的数量的比例时力求合理、科学。本规范制定的无障碍停车的数量是一个下限标准，各地方可以根据自己实际的情况进行适当地增加。当停车位的数量超过100辆时，每增加不足100辆时，仍然需要增加1个无障碍机动车停车位。

8.2 办公、科研、司法建筑

8.2.2 为公众办理业务与信访接待的办公建筑因其使用的人员复杂，因此应为来访和办理事务的各类人群提供周到完善的无障碍设施。

建筑的主要出入口最为明显和方便，应尽可能将建筑的主要出入口设计为无障碍出入口。主要人员聚集的场所设置休息座椅时，座椅的位置不能阻碍人行通道，在临近座位旁宜设置一个无障碍休息区，供使用轮椅或者童车、步行辅助器械的人使用。当无障碍通道过长时，行动不便的人需要休息，因此在走道超过60.00m处宜设置一个休息处，可以放置座椅和预留轮椅停留空间。法庭、审判庭等建筑内为公众服务的会议及报告厅还应设置轮椅坐席。凡是为公众使用的厕所，都应该满足本规范第3.9节的有关规定的要求，并尽可能设计独立的无障碍厕所，为行动不便的人在家人的照料下使用。

8.2.3 除第8.2.2条包括的办公建筑以外，其他办公建筑不论规模大小和级别高低，均应做无障碍设计。尽可能将建筑的主要出入口设计为无障碍出入口，如果条件有限，也可以将其他出入口设计为无障碍出入口，但其位置应明显，并有明确的指示标识。建筑内部也需做必要的无障碍设施。

8.3 教 育 建 筑

8.3.2 第1款 教育建筑的无障碍设计是为了满足行动不便的学生、老师及外来访客和家长使用。因此，在这些人群使用的停车场、公共场地、绿地和建筑物的出入口部位，都要进行无障碍设计，以完成教育建筑及环境的无障碍化。

第2款 教育建筑室内竖向交通的无障碍化，便于行为障碍者到达不同的使用空间。主要教学用房如教室、实验室、报告厅及图书馆等是为所有教师和学生使用的公共设施，在教育建筑中的使用频率很高，其无障碍的通行很重要。

8.3.3 第1款 为节省行为障碍者的时间和体力，无障碍厕所或设有无障碍厕位的公共厕所应每层设置。

第2款 合班教室、报告厅轮椅席的设置，宜靠近无障碍通道和出入口，减少与多数人流的交叉。报告厅的使用会持续一定的时间，建筑设计中要考虑就近设置卫生间，并满足无障碍的设计要求。

第3款 有固定座位的教室、阅览室、实验教室等教学用房，室内预留的轮椅回转空间，可作为临时

的轮椅停放空间。教室出入口的门宽均应满足无障碍设计中轮椅通行的要求。

8.4 医疗康复建筑

8.4.1 医院是为特殊人群服务的建筑，所需的无障碍设施应设计齐全、实施到位。无障碍设施的设置会大大提高人们就医的便捷性，缩短就医时间，改善就医环境，而且可以从心理上改善很多行为障碍者就医的畏难情绪。

8.4.2 第4款 建筑内的无障碍通道按照并行两辆轮椅的要求，宽度不小于1.8m；若有通行推床的要求按照现行行业标准《综合医院建筑设计规范》JGJ 49的有关规定设计。

第7款 无障碍电梯的设置是解决医疗建筑竖向交通无障碍化的关键，在新建建筑中一定要设计到位。改建建筑在更换电梯时，至少要改建1部为无障碍电梯。

第8款 无障碍厕所的设置，会更加方便亲属之间的互相照顾，在医疗建筑中有更多的使用人群，各层都宜设置。

第9款 母婴室的设置，被认为是城市文明的标准之一。在人流密集的交通枢纽如国际机场、火车站等场所也提供了这种设施。儿童医院是哺乳期妇女和婴儿较为集中的场所，设置母婴室可以减少一些在公众场合哺乳、换尿布等行为的尴尬，也可以避免母婴在公共环境中可能引起的感染，对母亲和孩子的健康都更为有利。

第10款 服务设施的低位设计是医疗建筑无障碍设计的细节体现，其带来的便利不仅方便就医者，也大大减少了医务人员的工作量。

8.4.3 很多大型医院已经装置了门、急诊部的文字显示器以及语言广播装置，这对于一般就诊者提供了很大的便捷，同时减少了行为障碍者的心理压力。候诊区在设置正常座椅的时候，要预留轮椅停留空间，避免轮椅停留在通道上的不安全感以及造成的交通拥堵。

8.4.4 医技部着重为诊疗过程中提供的无障碍设计，主要体现在低位服务台或窗口、更衣室的无障碍设计，以及文字显示器和语言广播装置的设置。

8.4.7 其他如办公、科研、餐厅、食堂、太平间等用房，因使用和操作主要是内部工作人员，所以要注重无障碍出入口的设置。

8.5 福利及特殊服务建筑

8.5.1 福利及特殊服务建筑是指收养孤残儿童、弃婴和无人照顾的未成年人的儿童福利院，及照顾身体健康、自理有困难或完全不能自理的孤残人员和老年人的特殊服务设施。

来自民政部社会福利和慈善事业促进司的最新统计显示，截至2009年，全国老年人口有1.67亿，占总人口的12.5%。我国老龄化进入快速发展阶段，老年人口将年均增加800万人～900万人。预计到2020年，我国老年人口将达到2.48亿，老龄化水平将达到17%。到2050年进入重度老龄化阶段，届时我国老年人口将达到4.37亿，约占总人口30%以上，也就是说，三四个人中就有1位老人。全国老龄工作委员会办公室预测，到2030年，中国将迎来人口老龄化高峰。不同层次的托老所和敬老院的缺口还很大。

随着政府和社会力量的关注，福利及特殊服务建筑的需求的加大，建设量也会增加。考虑到使用人群的特殊性，无障碍设计是很重要的部分，不仅仅是解决使用、提高舒适度和便于服务的问题，甚至还会关系到使用者的生命安全。

8.5.2 第3款 入口台阶高度和宽度的尺寸要充分考虑老年人和儿童行走的特点进行设计，适当增加踏步的宽度、降低踏步的高度，保证安全。台阶两侧设置扶手，使视力障碍、行动不便而未乘坐轮椅的使用者抓扶。出入口要优先选用平坡出入口。

第4款 大厅和休息厅等人员聚集场所，要考虑使用者的身体情况，长久站立会疲乏。预留轮椅的停放区域，并提供休息座椅，给予使用者人文关怀，还可以避免人流聚集时的人车交叉，提供安静而安全的等候环境。

第5款 无障碍通道两侧的扶手，根据使用者的身体情况安装单层或双层扶手。室外的连通走道要考虑老年人行走缓慢、步态不稳的特点，选用坚固、防滑的材料，在适当位置设置防风避雨的设施，提供停留、休息的区域。

第8、9款 居室内外门、走道的净宽要考虑轮椅和担架床通行的宽度。根据相关规范与标准，养老建筑和儿童福利院的生活用房的使用面积，宜大于10m²，短边净尺寸宜大于3m，在布置室内家具时，要预留轮椅的回转空间。

第10、11款 卫生间和浴室因特殊的使用功能和性质，极易发生摔倒等安全问题。根据无障碍要求设置相应的扶手抓杆等助力设施，可以减少危险的发生。在装修选材上，也要遵守平整、防滑的原则。

第12款 有条件的建筑在居室内宜设置显示装置和声音提示装置，对于听力、视力障碍和退化的使用者，可以提供极大的便利。

8.5.3 不同建筑类别的特殊设计要求，应符合《老年人建筑设计规范》JGJ 122、《老年人居住建筑设计标准》GB/T 50340及《儿童福利院建设标准》、《老年养护院建设标准》、《老年日间照料中心建设标准》等有关的建筑设计规范与设计标准。

8.6 体育建筑

8.6.1 本条规定了体育建筑实施无障碍设计的范围，

体育建筑作为社会活动的重要场所之一,各类人群应该得到平等参与的机会和权利。因此,体育场馆无障碍设施完善与否直接关系到残障运动员能否独立、公平、有尊严地参与体育比赛,同时也影响到行动不便的人能否平等地参与体育活动和观看体育比赛。因此,各类体育建筑都应该进行无障碍设计。

8.6.2 本条为体育建筑无障碍设计的基本要求。

特级及甲级体育建筑主要举办世界级及全国性的体育比赛,对无障碍设施提出了更高的要求,因此在无障碍机动车停车位、电梯及厕所等的要求上也更加严格。乙级及丙级体育建筑主要举办地方性、群众性的体育活动,也要满足最基本的无障碍设计要求。

根据比赛和训练的使用要求确定为不同的功能分区,每个功能分区有各自的出入口。要保证运动员、观众及贵宾的出入口各设一个无障碍出入口。其他功能分区,比如竞赛管理区、新闻媒体区、场馆运营区等宜根据需要设置无障碍出入口。

所有检票进入的观众出入口都应为无障碍出入口,各类人群由无障碍出入口到使用无障碍设施的通道也应该是无障碍通道,当无障碍通道过长时,行动不便的人需要休息,因此在走道超过60.00m处宜设置一个休息处,可以放置座椅和预留轮椅停留空间。

主要人员聚集的场所设置休息座椅时,座椅的位置不能阻碍人行通道,在临近座位旁宜设置一个无障碍休息区,供使用轮椅或者童车、步行辅助器械的人使用。

无障碍的坐席可集中设置,也可以分区设置,其数量可以根据赛事的需要适当增加,为了提高利用率,可以将一部分活动坐席临时改为无障碍的坐席,但应该满足无障碍坐席的基本规定。在无障碍坐席的附近应该按照1:1的比例设置陪护席位。

8.7 文化建筑

8.7.1 本条规定了文化类建筑实施无障碍设计的范围。宗教建筑泛指新建宗教建筑物,文物类的宗教建筑可参考执行。其他未注明的文化类的建筑类型可以参考本节内容进行设计。

8.7.2 本条为文化类建筑内无障碍设施的基本要求。

文化类建筑在主要的通行路线上应畅通,以满足各类人员的基本使用需求。

建筑物主要出入口无条件设置无障碍出入口时,也可以在其他出入口设置,但其位置应明显,并有明确的指示标识。

主要人员聚集的场所设置休息座椅时,座椅的位置不能阻碍人行通道,在临近座位旁宜设置一个无障碍休息区,供使用轮椅或者童车、步行辅助器械的人使用。除此以外,垂直交通、公共厕所、公共服务设施等均应满足无障碍的规定。

8.7.3 图书馆和文化馆内的图书室是人员使用率较

高的建筑,而且人员复杂,因此在设计这类建筑时需对各类人群给予关注。安有探测仪的入口的宽度也应能满足乘轮椅人顺利通过。书柜及办公家具的高度应根据轮椅乘坐者的需要设置。县、市级及以上的图书馆应设置盲人图书室(角),给盲人提供同样享有各种信息的渠道。专门的盲人图书馆内可配有盲人可以使用的电脑、图书,盲文朗读室、盲文制作室等。

8.8 商业服务建筑

8.8.1 商业服务建筑范围广泛、类别繁多,是接待社会各类人群的营业场所,因此应进行无障碍设计以满足社会各类人群的需求。这样不仅创建了更舒适和安全的营业环境,同时还能吸引顾客为商家扩大盈利。

8.8.2 有楼层的商业服务建筑,当设置人、货两用电梯时,这种电梯也宜满足无障碍电梯的要求。

调查表明无障碍厕所非常方便行动障碍者使用,大型商业服务建筑,如果有条件可以优先考虑设置这种类型的无障碍公共厕所。

凡是有客房的商业服务建筑,应根据规模大小设置不同数量的无障碍客房,以满足行动不便的人外出办事、旅游居住的需要。平时无障碍客房同样可以为其他人服务,不影响经营效益。

银行、证券等营业网点,应按照相关要求设计和建设无障碍设施,其业务台面的要求要符合无障碍低位服务设施的有关规定。

邮电建筑指邮政建筑及电信建筑。邮政建筑是指办理邮政业务的公共建筑,包括邮件处理中心局、邮件转运站、邮政局、邮电局、邮电支局、邮电所、代办所等。电信建筑包括电信综合局、长途电话局、电报局、市内电话局等。以上均应按照相关要求设计和建设无障碍设施,其业务台面的要求,要符合无障碍低位服务设施的有关规定。

8.9 汽车客运站

8.9.1 汽车客运站建筑是与各类人群日常生活密切相关的交通类建筑,因此应进行无障碍设计以协助旅客通畅便捷地到达要去的地方,满足社会各类人群的需求。

8.9.2 站前广场是站房与城市道路连接的纽带,车站通过站前广场吸引和疏散旅客,因此站前广场当地面存在高差时,需要做轮椅坡道,以保证行动障碍者实现顺畅通行。

建筑物主要出入口旅客进出频繁,宜设置成平坡出入口,以方便各类人群。

站房的候车厅、售票厅、行包房等是旅客活动的主要场所,应能用无障碍通道联系,包括检票口也应满足乘轮椅者使用。

8.10 公共停车场（库）

8.10.1 本节涉及的公共停车场（库）是指独立建设的社会公共停车场（库），属于城市基础设施范畴。新修订的《机动车驾驶证申领和使用规定》，已于2010年4月1日起正式施行。通过此次修订，允许五类残障人士可以申领驾照，该规定实施后将有越来越多的残障人士可以自行驾驶汽车走出家门。除此之外，还有携带乘轮椅的老人、病人、残障人士驾车出行的情况。因此配套的停车设施是非常需要的，可以为这些人群的出行带来更多的方便。公共停车场（库）必须安排一定数量的无障碍机动车停车位以满足各方面的需求。但同时我国又是人口大国，城市的机动车保有量也越来越多，为了更加合理地利用土地资源，在制定总停车的数量与无障碍机动车停车位的数量的比例上要合理、科学。本规范制定的无障碍停车的数量是一个下限标准，各地方可以根据自己实际的情况进行适当地增加。

8.10.2 有楼层的公共停车库的无障碍机动车停车位宜设在与公共交通道路同层的位置，这样乘轮椅者可以方便地出入停车库。如果受条件限制不能全部设在地面层，应能通过无障碍设施通往地面层。

9 历史文物保护建筑
无障碍建设与改造

9.1 实施范围

9.1.1 在以人为本的和谐社会，历史文物保护建筑的无障碍建设与改造是必要的；在科学技术日益发展的今天，历史文物保护建筑的无障碍建设与改造也是可行的。但由于文物保护建筑及其环境所具有的历史特殊性及不可再造性，在进行无障碍设施的建设与改造中存在很多困难，为保护文物不受到破坏必须遵循一些最基本的原则。

第一，文物保护建筑中建设与改造的无障碍设施，应为非永久性设施，遇有特殊情况时，可以将其移开或拆除；且无障碍设施与文物建筑应采取柔性接触或保护性接触，不可直接安装固定在原有建筑物上，也不可在原有建筑物上进行打孔、锚固、胶粘等辅助安装措施，不得对文物建筑本体造成任何损坏。

第二，文物保护建筑中建设与改造的无障碍设施，宜采用木材、有仿古做旧涂层的金属材料、防滑橡胶地面等，在色彩和质感上与原有建筑物相协调的材料；在设计及造型上，宜采用仿古风格；且无障碍设施的体量不宜过大，以免影响古建环境氛围。

第三，文物保护建筑基于历史的原因，受到其原有的、已建成因素的限制，在一些地形或环境复杂的区域无法设置无障碍设施，要全面进行无障碍设施的建设和改造，是十分困难的。因此，应结合无障碍游览线路的设置，优先进行通路及服务类设施的无障碍建设和改造，使行动不便的游客可以按照设定的无障碍路线到达各主要景点外围参观游览。在游览线路上的，有条件进行无障碍设施建设和改造的主要景点内部，也可以进行相应的改造，使游客可以最大限度地游览设定在游览线路上的景点。

第四，各地各类各级文物保护建筑，由于其客观条件各不相同，因此无法以统一的标准进行无障碍设施的建设和改造，需要根据实际情况进行相应的个性化设计。对于一些保护等级高或情况比较特殊的文物保护建筑，在对其进行无障碍设施的建设和改造时，还应在文物保护部门的主持下，请相关专家作出可行性论证并给予专业性的建议，以确保改造的成功和文物不受到破坏。

9.2 无障碍游览路线

9.2.1 文物保护单位中的无障碍游览通路，是为了方便行动不便的游客而设计的游览路线。由于现状条件的限制，通常只能在现有的游览通道中选择有条件的路段设置。

9.3 出 入 口

9.3.1 在无障碍游览路线上的对外开放的文物建筑应设置无障碍出入口，以方便各类人群参观。无障碍出入口的无障碍设施尺度不宜过大，使用的材料以及设施采用的形式都应与原有建筑相协调；无障碍设施的设置也不能对普通游客的正常出入以及紧急情况下的疏散造成妨碍。无障碍坡道及其扶手的材料可选用木制、铜制等材料，避免与原建筑环境产生较大反差。

9.3.2、9.3.3 展厅、陈列室、视听室以及各种接待用房是游人参观活动的场所，因此也应满足无障碍出入口的要求，当展厅、陈列室、视听室以及各种接待用房也是文物保护建筑时，应该满足第9.3.1条的有关规定。

9.4 院 落

9.4.1 文物保护单位中的无障碍游览通道，必要时可利用一些古建特有的建筑空间作为过渡或连接，因此在通行宽度方面可根据情况适度放宽限制。比如古建的前廊，通常宽度不大，在利用前廊作为通路时，只要突出的柱顶石间的净宽度允许轮椅单独通过即可。

9.4.3 文物保护单位中的休息凉亭等设施，新建时应该是无障碍设施，因此有台阶时应同时设置轮椅坡道，本身也是文物的景观性游憩设施在没有特殊景观要求时，也宜为无障碍游憩设施。

9.5 服 务 设 施

9.5.1 文物保护单位的服务设施应最大限度地满足各类游览参观的人群的需要，其中包括各种小卖店、茶座咖啡厅、餐厅等服务用房，厕所、电话、饮水器等公共设施，管理办公、广播室等管理设施，均应该进行无障碍设施的建设与改造。

9.6 信 息 与 标 识

9.6.1 对公众开放的文物保护单位，应提供多种标志和信息源，以适合人群的不同要求，如以各种符号和标志帮助引导行动障碍者确定其行动路线和到达目的地，为视觉障碍者提供盲文解说牌、语音导游器、触摸屏等设施，保障其进行参观游览。

中华人民共和国国家标准

养老设施建筑设计规范

Design code for buildings of elderly facilities

GB 50867—2013

主编部门：中华人民共和国住房和城乡建设部
批准部门：中华人民共和国住房和城乡建设部
施行日期：２０１４年５月１日

中华人民共和国住房和城乡建设部
公 告

第 142 号

住房城乡建设部关于发布国家标准
《养老设施建筑设计规范》的公告

现批准《养老设施建筑设计规范》为国家标准，编号为 GB 50867-2013，自 2014 年 5 月 1 日起实施。其中，第 3.0.7、5.2.1 条为强制性条文，必须严格执行。

本规范由我部标准定额研究所组织中国建筑工业出版社出版发行。

中华人民共和国住房和城乡建设部

2013 年 9 月 6 日

前 言

根据原建设部《关于印发〈2004 年工程建设国家标准规范制定、修订计划〉的通知 》 （建标[2004] 67 号）和住房和城乡建设部《关于同意哈尔滨工业大学主编养老设施建筑设计规范》（建标标函[2010] 3 号）的要求，规范编制组经广泛调查研究，认真总结实践经验，参考有关国际标准和国外先进标准，并在广泛征求意见的基础上，编制本规范。

本规范的主要技术内容是：1. 总则；2. 术语；3. 基本规定；4. 总平面；5. 建筑设计；6. 安全措施；7. 建筑设备。

本规范中以黑体字标志的条文为强制性条文，必须严格执行。

本规范由住房和城乡建设部负责管理和对强制性条文的解释，由哈尔滨工业大学负责具体技术内容的解释。执行过程中如有意见或建议，请寄送哈尔滨工业大学国家标准《养老设施建筑设计规范》编制组（地址：哈尔滨市南岗区西大直街 66 号建筑学院 1505 信箱，邮编：150001）。

本 规 范 主 编 单 位：哈尔滨工业大学

本 规 范 参 编 单 位：上海市建筑建材业市场管理总站

　　　　　　　上海现代建筑设计（集团）有限公司

　　　　　　　上海建筑设计研究院有限公司

　　　　　　　河北建筑设计研究院有限责任公司

　　　　　　　中南建筑设计院股份有限公司

　　　　　　　华通设计顾问工程有限公司

　　　　　　　中国建筑西北设计研究院有限公司

　　　　　　　华侨大学

　　　　　　　全国老龄工作委员会办公室

　　　　　　　苏州科技学院设计研究院有限公司

　　　　　　　北京来博颐康投资管理有限公司

本 规 范 参 加 单 位：雍柏荟老年护养（杭州）有限公司

本规范主要起草人员：常怀生　郭　旭　王大春
　　　　　　　　　　崔永祥　蒋群力　俞　红
　　　　　　　　　　王仕祥　陆　明　卫大可
　　　　　　　　　　邢　军　于　戈　安　军
　　　　　　　　　　李　清　梁龙波　余　倩
　　　　　　　　　　李健红　陈　旸　陈华宁
　　　　　　　　　　施　勇　殷　新　唐振兴
　　　　　　　　　　苏志钢　李桂文　邹广天

本规范主要审查人员：黄天其　陈伯超　刘东卫
　　　　　　　　　　孟建民　李邦华　沈立洋
　　　　　　　　　　周燕珉　王　镛　赵　伟
　　　　　　　　　　陆　伟　全珞峰　张　陆

目 次

Contents

1 总 则

1.0.1 为适应我国养老设施建设发展的需要，提高养老设施建筑设计质量，使养老设施建筑适应老年人体能变化和行为特征，制定本规范。

1.0.2 本规范适用于新建、改建和扩建的老年养护院、养老院和老年日间照料中心等养老设施建筑设计。

1.0.3 养老设施建筑应以人为本，以尊重和关爱老年人为理念，遵循安全、卫生、适用、经济的原则，保证老年人基本生活质量，并按养老设施的服务功能、规模等进行分类分级设计。

1.0.4 养老设施建筑设计除应符合本规范外，尚应符合国家现行有关标准的规定。

2 术 语

2.0.1 养老设施 elderly facilities

为老年人提供居住、生活照料、医疗保健、文化娱乐等方面专项或综合服务的建筑通称，包括老年养护院、养老院、老年日间照料中心等。

2.0.2 老年养护院 nursing home for the aged

为介助、介护老年人提供生活照料、健康护理、康复娱乐、社会工作等服务的专业照料机构。

2.0.3 养老院 home for the aged

为自理、介助和介护老年人提供生活照料、医疗保健、文化娱乐等综合服务的养老机构，包括社会福利院的老人部、敬老院等。

2.0.4 老年日间照料中心 day care center for the aged

为以生活不能完全自理、日常生活需要一定照料的半失能老年人为主的日托老年人提供膳食供应、个人照顾、保健康复、娱乐和交通接送等日间服务的设施。

2.0.5 养护单元 nursing unit

为实现养护职能、保证养护质量而划分的相对独立的服务分区。

2.0.6 亲情居室 living room for family members

供入住老年人与前来探望的亲人短暂共同居住的用房。

2.0.7 自理老人 self-helping aged people

生活行为基本可以独立进行，自己可以照料自己的老年人。

2.0.8 介助老人 device-helping aged people

生活行为需依赖他人和扶助设施帮助的老年人，主要指半失能老年人。

2.0.9 介护老人 under nursing aged people

生活行为需依赖他人护理的老年人，主要指失智和失能老年人。

3 基本规定

3.0.1 各类型养老设施建筑的服务对象及基本服务配建内容应符合表 3.0.1 的规定。其中，场地应包括道路、绿地和室外活动场地及停车场等；附属设施应包括供电、供暖、给排水、污水处理、垃圾及污物收集等。

表 3.0.1 养老设施建筑的服务对象及基本服务配建内容

养老设施	服务对象	基本服务配建内容
老年养护院	介助老人、介护老人	生活护理、餐饮服务、医疗保健、康复娱乐、心理疏导、临终关怀等服务用房、场地及附属设施
养老院	自理老人、介助老人、介护老人	生活起居、餐饮服务、医疗保健、文化娱乐等综合服务用房、场地及附属设施
老年日间照料中心	介助老人	膳食供应、个人照顾、保健康复、娱乐和交通接送等服务用房、场地及附属设施

3.0.2 养老设施建筑可按其配置的床位数量进行分级，且等级划分宜符合表 3.0.2 的规定。

表 3.0.2 养老设施建筑等级划分

规模 设施 等级	老年养护院（床）	养老院（床）	老年日间照料中心（人）
小型	≤100	≤150	≤40
中型	101～250	151～300	41～100
大型	251～350	301～500	—
特大型	>350	>500	—

3.0.3 对于为居家养老者提供社区关助服务的社区老年家政服务、医疗卫生服务、文化娱乐活动等养老设施建筑，其建筑设计宜符合本规范的相关规定。

3.0.4 养老设施建筑基地应选择在工程地质条件稳定、日照充足、通风良好、交通方便、临近公共服务设施且远离污染源、噪声源及危险品生产、储运的区域。

3.0.5 养老设施建筑宜为低层或多层，且独立设置。小型养老设施可与居住区中其他公共建筑合并设置，

和失能老年人。

其交通系统应独立设置。

3.0.6 养老设施建筑中老年人用房的主要房间的采光窗洞口面积与该房间楼（地）面面积之比宜符合表3.0.6的规定。

表3.0.6 老年人用房的主要房间的采光窗洞口面积与该房间楼（地）面面积之比

房 间 名 称	窗地面积之比
活动室	1:4
起居室、卧室、公共餐厅、医疗用房、保健用房	1:6
公用厨房	1:7
公用卫生间、公用沐浴间、老年人专用浴室	1:9

3.0.7 二层及以上楼层设有老年人的生活用房、医疗保健用房、公共活动用房的养老设施应设无障碍电梯，且至少1台为医用电梯。

3.0.8 养老设施建筑的地面应采用不易碎裂、耐磨、防滑、平整的材料。

3.0.9 养老设施建筑应进行色彩与标识设计，且色彩柔和温暖，标识应字体醒目、图案清晰。

3.0.10 养老设施建筑中老年人用房建筑耐火等级不应低于二级，且建筑抗震设防标准应按重点设防类建筑进行抗震设计。

3.0.11 养老设施建筑及其场地均应进行无障碍设计，并应符合现行国家标准《无障碍设计规范》GB 50763的规定，无障碍设计具体部位应符合表3.0.11的规定。

表3.0.11 养老设施建筑及其场地无障碍设计的具体部位

室外场地	道路及停车场	主要出入口、人行道、停车场
	广场及绿地	主要出入口、内部道路、活动场地、服务设施、活动设施、休憩设施
建筑	出入口	主要出入口、入口门厅
	过厅和通道	平台、休息厅、公共走道
	垂直交通	楼梯、坡道、电梯
	生活用房	卧室、起居室、休息室、亲情居室、自用卫生间、公用卫生间、公用厨房、老年人专用浴室、公用沐浴间、公共餐厅、交往厅
	公共活动用房	阅览室、网络室、棋牌室、书画室、健身室、教室、多功能厅、阳光厅、风雨廊
	医疗保健用房	医务室、观察室、治疗室、处置室、临终关怀室、保健室、康复室、心理疏导室

3.0.12 养老设施建筑应进行节能设计，并应符合现行国家相关标准的规定。夏热冬冷地区及夏热冬暖地区老年人用房地面应避免出现返潮现象。

4 总 平 面

4.0.1 养老设施建筑总平面应根据养老设施的不同类别进行合理布局，功能分区、动静分区应明确，交通组织应便捷流畅，标识系统应明晰、连续。

4.0.2 老年人居住用房和主要公共活动用房应布置在日照充足、通风良好的地段，居住用房冬至日满窗日照不宜小于2h。公共配套服务设施宜与居住用房就近设置。

4.0.3 养老设施建筑的主要出入口不宜开向城市主干道。货物、垃圾、殡葬等运输宜设置单独的通道和出入口。

4.0.4 总平面内的道路宜实行人车分流，除满足消防、疏散、运输等要求外，还应保证救护车辆通畅到达所需停靠的建筑物出入口。

4.0.5 总平面内应设置机动车和非机动车停车场。在机动车停车场距建筑物主要出入口最近的位置上应设置供轮椅使用者专用的无障碍停车位，且无障碍停车位应与人行通道衔接，并应有明显的标志。

4.0.6 除老年养护院外，其他养老设施建筑的总平面内应设置供老年人休闲、健身、娱乐等活动的室外活动场地，并应符合下列规定：

1 活动场地的人均面积不应低于1.20m²；

2 活动场地位置宜选择在向阳、避风处，场地范围应保证有1/2的面积处于当地标准的建筑日照阴影之外；

3 活动场地表面应平整，且排水畅通，并采取防滑措施；

4 活动场地应设置健身运动器材和休息座椅，宜布置在冬季向阳、夏季遮荫处。

4.0.7 总平面布置应进行场地景观环境和园林绿化设计。绿化种植宜乔灌木、草地相结合，并宜以乔木为主。

4.0.8 总平面内设置观赏水景的水池水深不宜大于0.6m，并应有安全提示与安全防护措施。

4.0.9 老年人集中的室外活动场地附近应设置公共厕所，且应配置无障碍厕位。

4.0.10 总平面内应设置专用的晒衣场地。当地面布置困难时，晒衣场地也可布置在上人屋面上，并应设置门禁和防护设施。

5 建 筑 设 计

5.1 用 房 设 置

5.1.1 养老设施建筑应设置老年人用房和管理服务

用房，其中老年人用房应包括生活用房、医疗保健用房、公共活动用房。不同类型养老设施建筑的房间设置宜符合表5.1.1的规定。

表5.1.1 不同类型养老设施建筑的房间设置

房间类别			用房配置	老年养护院	养老院	老年日间照料中心	备注
老年人用房	生活用房	居住用房	卧室	□	□	○	—
			起居室	—	○	△	—
			休息室	—	—	□	—
			亲情居室	△	△	—	附设专用卫浴、厕位设施
		生活辅助用房	自用卫生间	△	△	○	—
			公用卫生间	□	□	□	—
			公用沐浴间	□	□	□	附设厕位
			公用厨房	—	—	□	—
			公共餐厅	□	□	□	可兼活动室，并附设备餐间
			自助洗衣间	△	△	△	—
			开水间	□	□	□	—
			护理站	□	□	○	附设护理员值班室、储藏间，并设独立卫浴
			污物间	□	□	○	—
			交往厅	□	□	○	—
		生活服务用房	老年人专用浴室	—	△	—	附设厕位
			理发室	□	□	□	—
			商店	△/○	△/○	—	中型及以上宜设置
			银行、邮电、保险代理	△/○	△/○	—	大型、特大型宜设置
	医疗保健用房	医疗用房	医务室	□	□	□	—
			观察室	△	△	—	中型、大型、特大型应设置
			治疗室	△	△	—	大型、特大型宜设置
			检验室	△	△	—	大型、特大型宜设置
			药械室	□	□	—	—
			处置室	□	□	—	—
			临终关怀室	△	△	—	大型、特大型应设置
		保健用房	保健室	□	□	△	—
			康复室	□	□	△	—
			心理疏导室	△	△	△	—

续表5.1.1

房间类别			用房配置	老年养护院	养老院	老年日间照料中心	备注
老年人用房	公共活动用房	活动室	阅览室	○	△	△	—
			网络室	○	△	△	—
			棋牌室	□	□	□	—
			书画室	□	□	□	—
			健身室	—	□	□	—
			教室	—	□	□	—
			多功能厅	△	□	○	—
			阳光厅/风雨廊	△	△	△	—
管理服务用房			总值班室	□	□	□	—
			入住登记室	□	□	□	—
			办公室	□	□	□	—
			接待室	□	□	□	—
			会议室	□	□	□	—
			档案室	△	△	△	—
			厨房	□	□	□	—
			洗衣房	□	□	□	—
			职工用房	□	□	□	可含职工休息室、职工沐浴间、卫生间、职工食堂
			备品库	□	□	□	—
			设备用房	□	□	□	—

注：表中□为应设置；△为宜设置；○为可设置；—为不设置。

5.1.2 养老设施建筑各类用房的使用面积不宜小于表5.1.2的规定。旧城区养老设施改建项目的老年人生活用房的使用面积不应低于表5.1.2的规定，其他用房的使用面积不应低于表5.1.2规定的70%。

表5.1.2 养老设施建筑各类用房最小使用面积指标

用房类别		老年养护院（m^2/床）	养老院（m^2/床）	老年日间照料中心（m^2/人）	备注
老年人用房	生活用房	12.0	14.0	8.0	不含阳台
	医疗保健用房	3.0	2.0	1.8	—
	公共活动用房	4.5	5.0	3.0	不含阳光厅/风雨廊
管理服务用房		7.5	6.0	3.2	

注：对于老年日间照料中心的公共活动用房，表中的使用面积指标是指独立设置时的指标；当公共活动用房与社区老年活动中心合并设置时，可以不考虑其面积指标。

5.1.3 老年养护院、养老院的老年人生活用房中的居住用房和生活辅助用房宜按养护单元设置，且老年养护院养护单元的规模宜不大于 50 床；养老院养护单元的规模宜为（50～100）床；失智老年人的养护单元宜独立设置，且规模宜为 10 床。

5.2 生活用房

5.2.1 老年人卧室、起居室、休息室和亲情居室不应设置在地下、半地下，不应与电梯井道、有噪声振动的设备机房等贴邻布置。

5.2.2 老年人居住用房应符合下列规定：

　1　老年养护院和养老院的卧室使用面积不应小于 6.00m²/床，且单人间卧室使用面积不宜小于 10.00m²，双人间卧室使用面积不宜小于 16.00m²；

　2　居住用房内应设每人独立使用的储藏空间，单独供轮椅使用者使用的储藏柜高度不宜大于 1.60m；

　3　居住用房的净高不宜低于 2.60m；当利用坡屋顶空间作为居住用房时，最低处距地面净高不应低于 2.20m，且低于 2.60m 高度部分面积不应大于室内使用面积的 1/3；

　4　居住用房内宜留有轮椅回转空间，床边应留有护理、急救操作空间。

5.2.3 老年养护院每间卧室床位数不应大于 6 床；养老院每间卧室床位数不应大于 4 床；老年日间照料中心老年人休息室宜为每间 4 人～8 人；失智老年人的每间卧室床位数不应大于 4 床，并宜进行分隔。

5.2.4 失智老年人用房的外窗可开启范围内应采取防护措施，房间门宜采用明显颜色或图案进行标识。

5.2.5 老年养护院和养老院的老年人居住用房宜设置阳台，并应符合下列规定：

　1　老年养护院相邻居住用房的阳台宜相连通；

　2　开敞式阳台栏杆高度不低于 1.10m，且距地面 0.30m 高度范围内不宜留空；

　3　阳台应设衣物晾晒装置；

　4　开敞式阳台应做好雨水遮挡及排水措施；严寒及寒冷地区、多风沙地区宜设封闭阳台；

　5　介护老年人中失智老年人居住用房宜采用封闭阳台。

5.2.6 老年人自用卫生间的设置应与居住用房相邻，并应符合下列规定：

　1　养老院的老年人自用卫生间应满足老年人盥洗、便溺、洗浴的需要；老年养护院、老年日间照料中心的老年人自用卫生间应满足老年人盥洗、便溺的需要；卫生洁具宜采用浅色；

　2　自用卫生间的平面布置应留有助厕、助浴等操作空间；

　3　自用卫生间宜有良好的通风换气措施；

　4　自用卫生间与相邻房间室内地坪不应有高差；

地面应选用防滑耐磨材料。

5.2.7 老年人公用厨房应具备天然采光和自然通风条件。

5.2.8 老年人公共餐厅应符合下列规定：

　1　公共餐厅的使用面积应符合表 5.2.8 的规定；

　2　老年养护院、养老院的公共餐厅宜结合养护单元分散设置；

　3　公共餐厅应使用可移动的、牢固稳定的单人座椅；

　4　公共餐厅布置应能满足供餐车进出、送餐到位的服务，并应为护理员留有分餐、助餐空间；当采用柜台式售饭方式时，应设有无障碍服务柜台。

表 5.2.8 养老设施建筑的公共餐厅使用面积（m²/座）

老年养护院	1.5～2.0
养老院	1.5
老年日间照料中心	2.0

注：1　老年养护院公共餐厅的总座位数按总床位数的 60% 测算；养老院公共餐厅的总座位数按总床位数的 70% 测算；老年日间照料中心的公共餐厅座位数按被照料老人总人数测算。

　　2　老年养护院的公共餐厅使用面积指标，小型取上限值，特大型取下限值。

5.2.9 老年人公用卫生间应与老年人经常使用的公共活动用房同层、邻近设置，并宜有天然采光和自然通风条件。老年养护院、养老院的每个养护单元内均应设置公用卫生间。公用卫生间洁具的数量应按表 5.2.9 确定。

表 5.2.9 公用卫生间洁具配置指标（人/每件）

洁具	男	女
洗手盆	≤15	≤12
坐便器	≤15	≤12
小便器	≤12	—

注：老年养护院和养老院公用卫生间洁具数量按其功能房间所服务的老人数测算；老年日间照料中心的公用卫生间洁具数量按老人总数测算，当与社区老年活动中心合并设置时应相应增加洁具数量。

5.2.10 老年人专用浴室、公用沐浴间设置应符合下列规定：

　1　老年人专用浴室宜按男女分别设置，规模可按总床位数测算，每 15 个床位应设 1 个浴位，其中轮椅使用者的专用浴室不应少于总床位数的 30%，且不应少于 1 间；

　2　老年日间照料中心，每 15～20 个床位宜设 1 间具有独立分隔的公用沐浴间；

　3　公用沐浴间内应配备老年人使用的浴槽

（床）或洗澡机等助浴设施，并应留有助浴空间；

4 老年人专用浴室、公用沐浴间均应附设无障碍厕位。

5.2.11 老年养护院和养老院的每个养护单元均应设护理站，且位置应明显易找，并宜适当居中。

5.2.12 养老设施建筑内宜每层设置或集中设置污物间，且污物间应靠近污物运输通道，并应有污物处理及消毒设施。

5.2.13 理发室、商店及银行、邮电、保险代理等生活服务用房的位置应方便老年人使用。

5.3 医疗保健用房

5.3.1 医疗用房中的医务室、观察室、治疗室、检验室、药械室、处置室，应按现行行业标准《综合医院建筑设计规范》JGJ 49执行，并应符合下列规定：

1 医务室的位置应方便老年人就医和急救；

2 除老年日间照料中心外，小、中型养老设施建筑宜设观察床位；大型、特大型养老设施建筑应设观察室；观察床位数量应按总床位数的1%～2%设置，并不应少于2床；

3 临终关怀室宜靠近医务室且相对独立设置，其对外通道不应与养老设施建筑的主要出入口合用。

5.3.2 保健用房设计应符合下列规定：

1 保健室、康复室的地面应平整，表面材料应具弹性，房间平面布局应适应不同康复设施的使用要求；

2 心理疏导室使用面积不宜小于10.00m²。

5.4 公共活动用房

5.4.1 公共活动用房应有良好的天然采光与自然通风条件，东西向开窗时应采取有效的遮阳措施。

5.4.2 活动室的位置应避免对老年人卧室产生干扰，平面及空间形式应适合老年人活动需求，并应满足多功能使用的要求。

5.4.3 多功能厅宜设置在建筑首层，室内地面应平整并设休息座椅，墙面和顶棚宜做有吸声处理，并应邻近设置公用卫生间及储藏间。

5.4.4 严寒、寒冷地区的养老设施建筑宜设置阳光厅。多雨地区的养老设施建筑宜设置风雨廊。

5.5 管理服务用房

5.5.1 入住登记室宜设置在主要出入口附近，并应设置醒目标识。

5.5.2 老年养护院和养老院的总值班室宜靠近建筑主要出入口设置，并应设置建筑设备设施控制系统、呼叫报警系统和电视监控系统。

5.5.3 厨房应有供餐车停放及消毒的空间，并应避免噪声和气味对老年人用房的干扰。

5.5.4 职工用房应考虑工作人员休息、洗浴、更衣、就餐等需求，设置相应的空间。

5.5.5 洗衣房平面布置应洁、污分区，并应满足洗衣、消毒、叠衣、存放等需求。

6 安 全 措 施

6.1 建筑物出入口

6.1.1 养老设施建筑供老年人使用的出入口不应少于两个，且门应采用向外开启平开门或电动感应平移门，不应选用旋转门。

6.1.2 养老设施建筑出入口至机动车道路之间应留有缓冲空间。

6.1.3 养老设施建筑的出入口、入口门厅、平台、台阶、坡道等应符合下列规定：

1 主要入口门厅处宜设休息座椅和无障碍休息区；

2 出入口内外及平台应设安全照明；

3 台阶和坡道的设置应与人流方向一致，避免迂绕；

4 主要出入口上部应设雨篷，其深度宜超过台阶外缘1.00m以上；雨篷应做有组织排水；

5 出入口处的平台与建筑室外地坪高差不宜大于500mm，并应采用缓步台阶和坡道过渡；缓步台阶踢面高度不宜大于120mm，踏面宽度不宜小于350mm；坡道坡度不宜大于1/12，连续坡长不宜大于6.00m，平台宽度不应小于2.00m；

6 台阶的有效宽度不应小于1.50m；当台阶宽度大于3.00m时，中间宜加设安全扶手；当坡道与台阶结合时，坡道有效宽度不应小于1.20m，且坡道应作防滑处理。

6.2 竖 向 交 通

6.2.1 供老年人使用的楼梯应符合下列规定：

1 楼梯间应便于老年人通行，不应采用扇形踏步，不应在楼梯平台区内设置踏步；主楼梯梯段净宽不应小于1.50m，其他楼梯通行净宽不应小于1.20m；

2 踏步前缘应相互平行等距，踏面下方不得透空；

3 楼梯宜采用缓坡楼梯；缓坡楼梯踏面宽度宜为320mm～330mm，踢面高度宜为120mm～130mm；

4 踏面前缘宜设置高度不大于3mm的异色防滑警示条；踏面前缘向前凸出不应大于10mm；

5 楼梯踏步与走廊地面对接处应用不同颜色区分，并应设有提示照明；

6 楼梯应设双侧扶手。

6.2.2 普通电梯应符合下列规定：

1 电梯门洞的净宽度不宜小于 900mm，选层按钮和呼叫按钮高度宜为 0.90m～1.10m，电梯入口处宜设提示盲道。

2 电梯轿厢门开启的净宽度不应小于 800mm，轿厢内壁周边应设有安全扶手和监控及对讲系统。

3 电梯运行速度不宜大于 1.5m/s，电梯门应采用缓慢关闭程序设定或加装感应装置。

6.3 水平交通

6.3.1 老年人经过的过厅、走廊、房间等不应设门槛，地面不应有高差，如遇有难免的高差时，应采用不大于 1/12 的坡面连接过渡，并应有安全提示。在起止处应设异色警示条，临近处墙面设置安全提示标志及灯光照明提示。

6.3.2 养老设施建筑走廊净宽不应小于 1.80m。固定在走廊墙、立柱上的物体或标牌距地面的高度不应小于 2.00m；当小于 2.00m 时，探出部分的宽度不应大于 100mm；当探出部分的宽度大于 100mm 时，其距地面的高度应小于 600mm。

6.3.3 老年人居住用房门的开启净宽应不小于 1.20m，且应向外开启或推拉门。厨房、卫生间的门的开启净宽不应小于 0.80m，且选择平开门时应向外开启。

6.3.4 过厅、电梯厅、走廊等宜设置休憩设施，并应留有轮椅停靠的空间。电梯厅兼作消防前室（厅）时，应采用不燃材料制作靠墙固定的休息设施，且其水平投影面积不应计入消防前室（厅）的规定面积。

6.4 安全辅助措施

6.4.1 老年人经过及使用的公共空间应沿墙安装安全扶手，并宜保持连续。安全扶手的尺寸应符合下列规定：

1 扶手直径宜为 30mm～45mm，且在有水和蒸汽的潮湿环境时，截面尺寸取下限值；

2 扶手的最小有效长度不应小于 200mm。

6.4.2 养老设施建筑室内公共通道的墙（柱）面阳角应采用切角或圆弧处理，或安装成品护角。沿墙脚宜设 350mm 高的防撞踢脚。

6.4.3 养老设施建筑主要出入口附近和门厅内，应设置连续的建筑导向标识，并应符合下列规定：

1 出入口标识应易于辨别。且当有多个出入口时，应设置明显的号码或标识图案；

2 楼梯间附近的明显位置处应布置楼层平面示意图，楼梯间内应有楼层标识。

6.4.4 其他安全防护措施应符合下列规定：

1 老年人所经过的路径内不应设置裸放的散热器、开水器等高温加热设备，不应摆设造型锋利和易碎饰品，以及种植带有尖刺和较硬枝条的盆栽；易与人体接触的热水明管应有安全防护措施；

2 公共疏散通道的防火门扇和公共通道的分区门扇，距地 0.65m 以上，应安装透明的防火玻璃；防火门的闭门器应带有阻尼缓冲装置；

3 养老设施建筑的自用卫生间、公用卫生间门宜安装便于施救的插销，卫生间门上宜留有观察窗口；

4 每个养护单元的出入口应安装安全监控装置；

5 老年人使用的开敞阳台或屋顶上人平台在临空处不应设可攀登的扶手；供老年人活动的屋顶平台女儿墙的护栏高度不应低于 1.20m；

6 老年人居住用房应设安全疏散指示标识，墙面凸出处、临空框架柱等应采用醒目的色彩或采取图案区分和警示标识。

7 建 筑 设 备

7.1 给水与排水

7.1.1 养老设施建筑宜供应热水，并宜采用集中热水供应系统。热水配水点出水温度宜为 40℃～50℃。热水供应应有控温、稳压装置。有条件采用太阳能的地区，宜优先采用太阳能供应热水。

7.1.2 养老设施建筑应选用节水型低噪声的卫生洁具和给排水配件、管材。

7.1.3 养老设施建筑自用卫生间、公用卫生间、公用沐浴间、老年人专用浴室等应选用方便无障碍使用与通行的洁具。

7.1.4 养老设施建筑的公用卫生间宜采用光电感应式、触摸式等便于操作的水嘴和水冲式坐便器冲洗装置。室内排水系统应畅通便捷。

7.2 供暖与通风空调

7.2.1 严寒和寒冷地区的养老设施建筑应设集中供暖系统，供暖方式宜选用低温热水地板辐射供暖。夏热冬冷地区应配设供暖设施。

7.2.2 养老设施建筑集中供暖系统宜采用不高于 95℃ 的热水作为热媒。

7.2.3 养老设施建筑应根据地区的气候条件，在含沐浴的用房内安装暖气设备或预留安装供暖器件的位置。

7.2.4 养老设施建筑有关房间的室内冬季供暖计算温度不应低于表 7.2.4 的规定。

表 7.2.4 养老设施建筑有关房间的室内冬季供暖计算温度

房间	居住用房	生活辅助用房	含沐浴的用房	生活服务用房	活动室多功能厅	医疗保健用房	管理服务用房
计算温度（℃）	20	20	25	18	20	20	18

7.2.5 养老设施建筑内的公用厨房、自用与公用卫生间，应设置排气通风道，并安装机械排风装置，机械排风系统应具备防回流功能。

7.2.6 严寒、寒冷及夏热冬冷地区的公用厨房，应设置供房间全面通风的自然通风设施。

7.2.7 严寒、寒冷及夏热冬冷地区的养老设施建筑内，宜设置满足室内卫生要求的机械通风，并宜采用带热回收功能的双向换气装置。

7.2.8 最热月平均室外气温高于 25℃ 地区的养老设施建筑，应设置降温设施。

7.2.9 养老设施建筑内的空调系统应设置分室温度控制措施。

7.2.10 养老设施建筑内的水泵和风机等产生噪声的设备，应采取减振降噪措施。

7.3 建 筑 电 气

7.3.1 养老设施建筑居住用房及公共活动用房宜设置备用照明，并宜采用自动控制方式。

7.3.2 养老设施建筑居住、活动及辅助空间照度值应符合表 7.3.2 的规定，光源宜选用暖色节能光源，显色指数宜大于 80，眩光指数宜小于 19。

表 7.3.2 养老设施建筑居住、活动及辅助空间照度值

房间名称	居住用房	活动室	卫生间	公用厨房	公共餐厅	门厅走廊
照度值（lx）	200	300	150	200	200	100～150

7.3.3 养老设施建筑居住用房至卫生间的走道墙面距地 0.40m 处宜设嵌装脚灯。居住用房的顶灯和床头照明宜采用两点控制开关。

7.3.4 养老设施建筑照明控制开关宜选用宽板翘板开关，安装位置应醒目，且颜色应与墙壁区分，高度宜距地面 1.10m。

7.3.5 养老设施建筑出入口雨篷底或门口两侧应设照明灯具，阳台应设照明灯具。

7.3.6 养老设施建筑走道、楼梯间及电梯厅的照明，均宜采用节能控制措施。

7.3.7 养老设施建筑的供电电源应安全可靠，宜采用专线配电，供配电系统应简明清晰，供配电支线应采用暗敷设方式。

7.3.8 养老院宜每间（套）设电能计量表，并宜单设配电箱，配电箱内宜设电源总开关，电源总开关应采用可同时断开相线和中性线的开关电器。配电箱内的插座回路应装设剩余电流动作保护器。

7.3.9 养老设施建筑的电源插座距地高度低于 1.8m 时，应采用安全型电源插座。居住用房的电源插座高度距地宜为 0.60m～0.80m；厨房操作台的电源插座高度距地宜为 0.90m～1.10m。

7.3.10 养老设施建筑的居住用房、公共活动用房和公共餐厅等应设置有线电视、电话及信息网络插座。

7.3.11 养老设施建筑的公共活动用房、居住用房及卫生间应设紧急呼叫装置。公共活动用房及居住用房的呼叫装置高度距地宜为 1.20m～1.30m，卫生间的呼叫装置高度距地宜为 0.40m～0.50m。

7.3.12 养老设施建筑以及室外活动场所（地）应设置视频安防监控系统或护理智能化系统。在养老设施建筑的各出入口和单元门、公共活动区、走廊、各楼层的电梯厅、楼梯间、电梯轿厢等场所应设置安全监控设施

7.3.13 安全防护

1 养老设施建筑应做总等电位联结，医疗用房和卫生间应做局部等电位联结；

2 养老设施建筑内的灯具应选用Ⅰ类灯具，线路中应设置 PE 线；

3 养老设施建筑中的医疗用房宜设防静电接地；

4 养老设施建筑应设置防火剩余电流动作报警系统。

本规范用词说明

1 为便于在执行本规范条文时区别对待，对要求严格程度不同的用词说明如下：

　1）表示很严格，非这样做不可的用词：
　　　正面词采用"必须"，反面词采用"严禁"；

　2）表示严格，在正常情况下均应这样做的用词：
　　　正面词采用"应"，反面词采用"不应"或"不得"；

　3）表示允许稍有选择，在条件许可时首先应这样做的用词：
　　　正面词采用"宜"，反面词采用"不宜"；

　4）表示有选择，在一定条件下可以这样做的用词，采用"可"。

2 条文中指明应按其他有关标准执行的写法为："应符合……的规定"或"应按……执行"。

引用标准名录

1 《无障碍设计规范》GB 50763

2 《综合医院建筑设计规范》JGJ 49

中华人民共和国国家标准

养老设施建筑设计规范

GB 50867—2013

条 文 说 明

制 订 说 明

《养老设施建筑设计规范》GB 50867－2013，经住房和城乡建设部 2013 年 9 月 6 日以第 142 号公告批准、发布。

本规范制订过程中，编制组进行了广泛深入的调查研究，认真总结了我国不同地区近年来养老设施建设的实践经验，同时参考了国外先进技术法规、技术标准，通过实地调研和广泛征求全国有关单位的意见及多次修改，取得了符合中国国情，可操作性较强的重要技术参数。

为便于广大设计、施工、科研、学校等单位有关人员在使用本规范时能正确理解和执行条文规定，《养老设施建筑设计规范》编制组按章、节、条顺序编制了本规范的条文说明，对条文规定的目的、依据以及执行中需要注意的有关事项进行了说明，还着重对强制性条文的强制性理由做了解释。但是，本条文说明不具备与规范正文同等的法律效力，仅供使用者作为理解和把握规范规定的参考。

目 次

1 总　　则

1.0.1　随着我国社会经济的发展，城乡老年人的生活水平和医疗水平不断提高，老年人的寿命呈现出高龄化倾向，家庭模式空巢化现象也显得越来越突出，众多介护老人长期照料护理服务需求日益迫切。据第六次全国人口普查统计显示，我国60岁及以上人口为1.78亿人，占总人口的13.26%，预计到2050年我国老龄化将达到峰值，60岁以上的老年人数量将达到4.37亿人。截止到2009年80岁以上高龄老年人达到1899万人，占全国人口的1.4%，年均增速达5%，快于老龄化的增长速度，也高于世界平均3%的水平。我国城乡老年空巢家庭超过50%，部分大中城市老年空巢家庭达到70%，而各类老年福利机构3.81万个，床位266.2万张，养老床位总数仅占全国老年人口的1.59%，不仅低于发达国家5%～7%的比例，也低于一些发展中国家2%～3%的水平。可见，我国目前已进入老龄化快速发展阶段，关注养老与养老机构建设已是当前最大民生问题之一。中国老龄事业发展"十二五"规划及我国社会养老服务体系"十二五"规划中也针对目前我国老龄化发展的现状，从机构养老、社区养老和居家养老三个方面提出了今后五年的发展建设目标和任务。因此，适时编制养老设施建筑设计规范，为养老设施建筑的设计和管理提供技术依据，以满足当今老年人对社会机构养老的迫切需要，是编制本规范的根本前提和目的。

1.0.2　根据《社会养老服务体系建设规划（2011—2015年）》，我国的社会养老服务体系主要由居家养老、社会养老和机构养老等三个有机部分组成。本规范主要针对机构养老和社区养老设施，机构养老主要包括老年养护院、养老院等，社区养老主要包括老年日间照料中心。由于区域发展和人口结构的变化，出现的将既有建筑改、扩建为养老设施的建筑，如原幼儿园、小学、医院等改造为养老设施项目，其建筑设计可以按本规范执行。

1.0.3　本条提出了养老设施建筑设计的理念、原则。养老设施建筑需要针对自理、介助（即半自理的、半失能的）和介护（即不能自理的、失能的、需全护理的）等不同老年人群体的养老需求及其身体衰退和生理、心理状况以及养护方式，进行个性化、人性化设计，切实保证老年人的基本生活质量。

1.0.4　本条规定是为了明确本标准与相关标准之间的关系。这里的"国家现行有关标准"是指现行的工程建设国家标准和行业标准。与养老设施建筑有关的规划及建筑结构、消防、热工、节能、隔声、照明、给水排水、安全防范、设施设备等设计，除需要执行本规范外，还需要执行其他相关标准。例如《城镇老年人设施规划规范》GB 50437、《建筑设计防火规范》GB 50016、《无障碍设计规范》GB 50763、《老年人社会福利机构基本规范》MZ 008等。

2 术　　语

2.0.1　养老设施是专项或综合服务的养老建筑服务设施的通称。为满足不同层次、不同身体状况的老年人的需求，根据养老设施的床位数量、设施条件和综合服务功能，养老设施建筑划分为老年养护院、养老院、老年日间照料中心等。

2.0.2～2.0.4　为使术语反映时代特点，并与相关标准表述内容一致，规定了各类养老设施建筑的内涵。如老年养护院以接待患病或健康条件较差，需医疗保健、康复护理的介助、介护老年人为主。这也与《老年养护院建设标准》建标144-2010中的表述："老年养护院是指为失能老年人提供生活照料、健康护理、康复娱乐、社会工作等服务的专业照料机构"是一致的。养老院为自理、介助、介护老年人提供集中居住和综合服务，它包括社会福利院的老人部、敬老院等。老年日间照料中心通常设置在居住社区中，例如社区的日托所、老年日间护理中心（托老所）等，是一种适合介助老年人的"白天入托接受照顾和参与活动，晚上回家享受家庭生活"的社区居家养老服务新模式。与《社区老年人日间照料中心建设标准》建标143-2010："社区老年人日间照料中心是指为以生活不能完全自理、日常生活需要一定照料的半失能老年人为主的日托老年人提供膳食供应、个人照顾、保健康复、娱乐和交通接送等日间服务的设施"的内容一致。

2.0.5　在老年养护院和养老院中，为便于老年人养护及管理，通常将老年人养护设施分区设置，划分为相对独立的护理单元。养护单元内包括老年人居住用房、餐厅、公共浴室、会见聊天室、心理咨询室、护理员值班室、护士工作室等用房。从消防与疏散角度考虑，养护单元最好与防火分区结合设计。

2.0.6　为了体现对失能老年人的人文关怀，满足入住失能老年人与前来探望的子女短暂居住，共享天伦之乐，感受家庭亲情需要的居住用房。通常养老院和老年养护院设置亲情居室。

2.0.7～2.0.9　根据老年人的身体衰退状况、行为能力特征，根据国家现行有关标准，将老年人按自理老人，介助老人和介护老人等行为状态区分，以科学地、动态地反映老年人的体能变化及行为障碍状态，力求建筑设计充分体现适老性。

3 基　本　规　定

3.0.1　本条规定了养老设施的服务对象及基本服务配置。需要强调的是，养老设施的服务配置应当在适应当前、预留发展、因地制宜的原则指导下，在满足服务功能和社会需求基础上，尽可能综合布设并充分利用社会公共设施。

3.0.2 根据我国民政部颁布的现行行业标准《老年人社会福利机构基本规范》MZ 008，以及建设标准《老年养护院建设标准》建标 144-2010、《社区老年人日间照料中心建设标准》建标143-2010，养老设施可以根据配建和设施规模划分等级。国家和各地的民政部门在养老设施管理规定中将提供居养和护理的养老机构按床位数分级，以便于配置人员和设施。因此，建设标准主要满足养老设施的规划建设和项目投资的需要。本规范根据现行国家标准《城镇老年人设施规划规范》GB 50437 分级设置的规定，并参考国内外养老机构的建设情况，根据养老设施建筑用房配置要求将养老设施中的老年养护院和养老院按其床位数量分为小型、中型、大型和特大型四个等级，主要满足建筑设计的最低技术指标。老年日间照料中心按照社区人口规模 10000 人～15000 人、15000 人～30000 人、30000 人～50000 人分为小型、中型和大型三个等级，按照 2015 年全国老龄化水平的预测值 15.3%，并根据小型、中型和大型的社区老年人日间照料中心的建筑面积分别按照老年人人均房屋建筑面积 $0.26m^2$、$0.32m^2$、$0.39m^2$ 进行估算，则三类的面积规模分别为 $300m^2$～$800m^2$、$800m^2$～$1400m^2$、$1400m^2$～$2000m^2$。同时根据现行国家标准《城镇老年人设施规划规范》GB 50437 中对托老所的配建规模及要求，托老所不应小于 10 床位，每床建筑面积不应小于 $20m^2$。综合以上因素，考虑到老年人日间照料中心多为社区层面的养老设施，且应与其他养老设施的等级划分相协调，因此本规范将老年日间照料中心确定小型和中型两个等级，分别为小于或等于 40 人和 41 人～100 人。

根据以上原则分级，配合规划形成的养老设施网络能够基本覆盖城镇各级居民点，满足老年人使用的需求；其分级的方式也能够与现行国家标准《城市居住区规划设计规范》GB 50180 取得良好的衔接，利于不同层次的设施配套。在实际运作中可以和现有的以民政系统管理为主的老年保障网络相融合，如大型、特大型养老设施与市（地区）级要求基本相同，中型养老设施则相当于规模较大辐射范围较广的区级设施，而小型养老设施则与居住区级的街道和乡镇规模相一致，这样便于民政部门的规划管理。

3.0.3 本规范中的老年养护院、养老院和老年日间照料中心是社会养老机构设施。为适应我国"以家庭养老为基础，以社区养老为依托，以机构养老为支撑"的养老发展模式，社区中为居家养老者提供社区关助服务的养老设施，如老年家政服务中心（站）、老年活动中心（站）、老年医疗卫生服务中心（站）、社区老年学园（大学）等，可以从实际出发独立设置，或合设于社区服务中心（站）、社区活动中心（站）、社区医疗服务中心（站）、老年学园（大学）等社区配套的公共服务场所内，并且在条件许可的情况，其建筑设计可以按本规范执行。

3.0.4 养老设施建筑基地选择，一方面要考虑到老年人的生理和心理特点，对阳光、空气、绿化等自然条件要求较高，对气候、风向及周边生活环境敏感度较强等；另一方面还应考虑到老年人出行方便和子女探望的需要，因此基地要选择在工程地质条件稳定、日照充足、通风良好、交通方便、临近公共服务设施及远离污染源、噪声源及危险品生产、储运的区域。

3.0.5 考虑到老年人特殊的体能与行为特征，养老设施建筑宜为低层或多层并独立设置，以便于紧急情况下的救助与疏散，以及减少外界的干扰。受用地等条件所限，社区内的小型养老设施可以与其他公共设施建筑合并设置，但需要具备独立的交通系统，便于安全疏散。

3.0.6 老年人由于长时间生活在室内，因此老年人用房的朝向和阳光就非常重要。本规范规定养老设施建筑主要用房的窗地比，以保证良好朝向和采光。

3.0.7 为了便于老年人日常使用与紧急情况下的抢救与疏散，养老设施的二层及以上楼层设有老年人用房时，需要以无障碍电梯作为垂直交通设施，且至少 1 台能兼作医用电梯，以便于急救时担架或医用床的进出。

3.0.8 为保证老年人的行走安全及方便，对养老设施建筑中的地面材料提出了设计要求，以防止老年人滑倒或因滑倒引起的碰伤、划伤、扭伤等。

3.0.9 考虑到老年人视力、反应能力等不断衰退，强调色彩和标识设计非常必要。色彩柔和、温暖，易引起老年人注意与识别，既提高老年人的感受能力，也从心理上营造了一种温馨和安全感。标识的字和图案都要比一般场所的要大些，方便识别。

3.0.10 针对老年人行动能力弱、自救能力差的特点，专门提出养老设施建筑中老年人用房可按重点公建做好抗震与防火等安全设计。

3.0.11 老年人体能衰退的特征之一，表现在行走机能弱化或丧失，抬脚与迈步行为不便或需靠轮椅等扶助，因此，新建及改扩建养老设施的建筑和场地都需要进行无障碍设计，并且按现行国家标准《无障碍设计规范》GB 50763 执行。本规范对养老设施相应用房设置提出了进行无障碍设计的具体位置，以方便设计与提高养老设施建筑的安全性。

3.0.12 夏热冬冷地区及夏热冬暖地区养老设施的老年人用房的地面，在过渡季节易出现地面湿滑的返潮现象，为防止老年人摔伤，特做此规定。

4 总 平 面

4.0.1 养老设施一般包括生活居住、医疗保健、休闲娱乐、辅助服务等功能，需要按功能关系进行合理布局。明确动静分区，减少干扰。合理组织交通，沿老年人通行路径设置明显、连续的标识和引导系统，以方便老年人使用。

4.0.2 保证养老设施的居住用房和主要公共活动用房充足的日照和良好的通风对老年人身心健康尤为重要。考虑到地域的差异，日照时间按当地城镇规划要求执行，其中老年人的起居室、活动室应满足日照2h，卧室宜满足日照 2h。公共配套服务设施与居住用房就近设置，以便服务老年人的日常生活。

4.0.3 城市主干道往往交通繁忙、车速较快，养老设施建筑的主要出入口开向城市主干道时，不利于保证老年人出行安全。货物、垃圾、殡葬等运输最好设置具有良好隔离和遮挡的单独通道和出入口，避免对老年人身心造成影响。

4.0.4 考虑到老年人出行方便和休闲健身等安全，养老设施中道路要尽量做到人车分流，并应当方便消防车、救护车进出和靠近，满足紧急时人群疏散、避难逃生需求，并且应设置明显的标志和导向系统。

4.0.5 考虑介助老年人的需要，在机动车停车场距建筑物主要出入口最近的位置上设置供轮椅使用者专用的无障碍停车位，明显的标志可以起到强化提示的功能。

4.0.6 满足老年人室外活动需求，室外活动场地按人均面积不低于 $1.20m^2$ 计算，且保证一定的日照和场地平整、防滑等条件。根据老年人活动特点进行动静分区，一般将运动项目场地作为动区，设置健身运动器材，并与休憩静区保持适当距离。在静区根据情况进行园林设计，并设置亭、廊、花架、座椅等设施，座椅布置宜在冬季向阳、夏季遮荫处，可便于老年人使用。

4.0.7 为创造良好的景观环境，养老设施建筑总平面需要根据各地情况适宜做庭院景观绿化设计。

4.0.8 老年人低头观察事物，易发生头晕摔倒事件。因此，养老设施建筑总平面中观赏水景的水深不宜超过0.60m，且水池周边需要设置栏杆、格栅等防护措施。

4.0.9 根据老年人生理特点，养老设施需要在老年人集中的室外活动场地附近设置便于老年人使用的公共厕所，且考虑轮椅使用者的需要。

4.0.10 为保证老年人身体健康，满足老年人衣服、被褥等清洗晾晒要求，总平面布置时需要设置专用晾晒场地。当室外地面晾衣场地设置困难时，可利用上人屋面作为晾衣场地，但需要设置栏栅、防护网等安全防护设施，防止老年人误入。

5 建筑设计

5.1 用房设置

5.1.1 根据老年人使用情况，养老设施建筑的内部用房可以划分为两大类：即老年人用房和管理服务用房。

老年人用房是指老年人日常生活活动需要使用的房间。根据不同功能又可划分为三类：即生活用房、医疗保健用房、公共活动用房。各类用房的房间在无相互干扰且满足使用功能的前提下可合并设置。

生活用房是老年人的生活起居及为其提供各类保障服务的房间，包括居住用房、生活辅助用房和生活服务用房。其中居住用房包括卧室、起居室、休息室、亲情居室；生活辅助用房包括自用卫生间、公用卫生间、公用沐浴间、公用厨房、公共餐厅、自助洗衣间、开水间、护理站、污物间、交往厅；生活服务用房包括老年人专用浴室、理发室、商店和银行、邮电、保险代理等房间。

医疗保健用房分为医疗用房和保健用房。医疗用房为老年人提供必要的诊察和治疗功能，包括医务室、观察室、治疗室、检验室、药械室、处置室和临终关怀室等房间；保健用房则为老年人提供康复保健和心理疏导服务功能，包括保健室、康复室和心理疏导室。

公共活动用房是为老年人提供文化知识学习和休闲健身交往娱乐的房间，包括活动室、多功能厅和阳光厅（风雨廊）。其中活动室包括阅览室、网络室、棋牌室、书画室、健身室和教室等房间。

管理服务用房是养老设施建筑中工作人员管理服务的房间，主要包括总值班室、入住登记室、办公室、接待室、会议室、档案室、厨房、洗衣房、职工用房、备品库、设备用房等房间。

为提高养老设施建筑用房使用效率，在满足使用功能和相互不干扰的前提下，各类用房可合并设置。

5.1.2 本条面积指标分为两部分。老年养护院、养老院按每床使用面积规定，老年日间照料中心按每人使用面积规定。

老年养护院、养老院的面积指标是参照《城镇老年人设施规划规范》GB 50437 中规定的各级老年护理院、养老院的配建指标，以及《老年养护院建设标准》建标144-2010 中规定的五类养护院每床建筑面积指标综合确定的，即老年养护院、养老院的每床建筑面积标准为 $45m^2$/床。以上建筑面积标准乘以平均使用系数 0.60，得出每床使用面积标准。又根据《老年养护院建设标准》建标 144-2010 中规定的各类用房使用面积指标，确定老年养护院的各类用房每床使用面积标准。同时根据养老院开展各项工作的实际需求，结合对各地调研数据的认真分析和总结，确定养老院的各类用房使用面积标准。

老年日间照料中心的面积指标是参照《社区老年人日间照料中心建设标准》建标 143-2010 中规定的各类用房使用面积的比例综合确定的。各地可根据实际业务需要在总使用面积范围内适当调整。

5.1.3 为便于为老年人提供各项服务和有效的管理，养老院、老年养护院的老年人生活用房中的居住用房和生活辅助用房宜分单元设置。经调研，养老设施中能够有效照料和巡视自理老年人的服务单元规模为100人左右，考虑到一些养老院中可能有一部分老年人为介助老年人，并结合国内外家庭养老发展方向，其养护单元的老年人数量宜适当减少，因此本条确定老年养护院养护单元的规模宜不大于50床；养老院养护单元的规模宜为50床～100床；介护老年人中的失智老年人，护理与服务方式较为特殊，其养护单元宜独立设置，参照国内外有关资料其规模宜为10床。

5.2 生活用房

5.2.1 居住用房是老年人久居的房间，强调本条主要考虑设置在地下、半地下的老年人居住用房的阳光、自然通风条件不佳和火灾紧急状态下烟气不易排除，对老年人的健康和安全带来危害。噪声振动对老年人的心脑功能和神经系统有较大影响，远离噪声源布置居住用房，有利于老年人身心健康。

5.2.2 据调查现在实际老年人居住用房普遍偏小。由于老年人动作迟缓，准确度降低以及使用轮椅和方便护理的需要，特别是对文化层次越来越高的老年人，生活空间不宜太小。日本老年看护院标准单人间卧室10.80m²，香港安老院标准每人6.50m²等，本规范参照国内外标准综合确定了面积指标。

5.2.3 根据目前国内经济状况和现有养老院调查情况，本规范规定每卧室的最多床位数标准。其中规定失智老人的床位进行适当分隔，是为了避免相互影响及发生意外损伤。

5.2.4 为防止介护老年人中失智老年人发生高空坠落等意外发生，本条规定失智老年人养护单元用房的外窗可开启范围内设置防护措施。房间门采用明显颜色或图案加以显著标识，以便于失智老年人记忆和辨识。

5.2.5 老年养护院相邻居室的阳台平时分开使用，紧急情况下可以连通，以便于防火疏散与施救。开敞式阳台栏杆高度不低于1.10m，且距地面0.30m高度范围内不留空，并做好雨水遮挡和排水措施，以保证介助老年人使用安全。考虑地域特征，寒冷地区、多风沙地区，阳台设封闭避风设置。介护老年人中失智老年人居室的阳台采用封闭式设置，以便于管理服务。

5.2.6 老年人身患泌尿系统病症较普遍，自用卫生间位置与居室相邻设置，以方便老年人使用。卫生洁具浅色最佳，不仅感觉清洁而且易于随时发现老年人的某些病变。卫生间的平面布置要考虑可能有护理员协助操作，留有助厕、助浴空间。自用卫生间需要保证良好的自然通风换气、防潮、防滑等条件，以提高环境卫生质量。

5.2.7 养老设施建筑的公用厨房，保证天然采光和自然通风条件，以提高安全性和方便性。

5.2.8 老年人多依赖于公共餐厅就餐，本规范参照《老年养护院建设标准》建标144－2010中的相关标准，规定最低配建面积标准。老年养护院和养老院的公共餐厅结合养护单元分散设置，与老年人生活用房的距离不宜过长，便于老年人就近用餐。老年人的就餐习惯、体能心态特征各异，且行动不便，因此公共餐厅需使用可移动的单人座椅。在空间布置上为护理员留有分餐、助餐空间，且应设有无障碍服务柜台，以便于更好地为老年人就餐服务。

5.2.9 养老设施建筑中除自用卫生间外，还需在老年人经常活动的生活服务用房、医疗保健用房、公共活动用房等设置公用卫生间，且同层、临近、分散设置，并应考虑采光、通风及男女性别特点。老年养护院、养老院的每个养护单元内均应设置公用卫生间，以方便老年人使用。

5.2.10 当用地紧张时，小型养老设施的老年人专用浴室，可男女合并设置分时段使用；介助和介护的老年人，多有助浴需要，应留有助浴空间；公用沐浴间一般需要结合养护单元分散设置，规模可按总床位数测算。

5.2.11 护理站是护理员值守并为老年人提供护理服务的房间。规定每个养护单元均设护理站，是为了方便和及时为介助和介护老年人服务。

5.2.12 污物间靠近污物运输通道，便于控制污染。

5.2.13 购物、取钱、邮寄等是老年人日常生活中必不可少的。因此，商店、银行、邮电及保险代理等用房，需就近居住用房设置，以方便老年人生活。

5.3 医疗保健用房

5.3.1 由于老年人疾病发病率高、突发性强，因此养老设施建筑均需要具有必要的医疗设施条件，并根据不同的服务类别和规模等级进行设置。医疗用房中的医务室、观察室、治疗室、检验室、药械室、处置室等，按《综合医院建筑设计规范》JGJ 49的相关规定设计，并尽可能利用社会资源为老年人就医服务。其中医务室临近生活区，便于救护车的靠近和运送病人；临终关怀室靠近医疗用房独立设置，可以避免对其他老年人心理上产生不良影响。由于老年人遗体的运送相对私密隐蔽，因此其对外通道需要独立设置。

5.3.2 养老设施建筑的保健用房包括保健室、康复室和心理疏导室等。其中保健室和康复室是老年人进行日常保健和借助各类康复设施进行康复训练的房间，房间应地面平整、表面材料具有一定弹性，可以防止和减轻老年人摔倒所引起的损伤，房间的平面形式应考虑满足不同保健和康复设施的摆放和使用要求。规定心理疏导室使用面积不小于10.00m²，是为了满足沙盘测试的要求，以缓解老年人的紧张和焦虑心理。

5.4 公共活动用房

5.4.1 公共活动用房是老年人从事文化知识学习、休闲交往娱乐等活动的房间，需要具有良好的自然采光和自然通风。

5.4.2 活动室通常要相对独立于生活用房设置，以避免对老年人居室产生干扰。其平面及空间形式需充分考虑多功能使用的可能性，以适合老年人进行多种活动的需求。

5.4.3 多功能厅是为老年人提供集会、观演、学习等文化娱乐活动的较大空间场所，为了便于老年人集散以及紧急情况下的疏散需要，多功能厅通常设置在建筑首层。室内地面平整且具有弹性，墙面和顶棚采用吸声材料，可以避免老年人跌倒摔伤和噪声的干扰。在多功能厅邻近设置公用卫生间和储藏间（仓库）等，便于老年人就近使用。

5.4.4 严寒地区和寒冷地区冬季时间较长，老年人无法进行室外活动，因此养老设施设置阳光厅，并保证其在冬季有充足的日照，以满足老年人日光浴的需要。夏热冬暖地区、温和地区和夏热冬冷地区（多雨多雪地区）降雨量较大，养老设施建筑设置风雨廊，以便于老年人进行室外活动。

5.5 管理服务用房

5.5.1 入住接待登记室设置在主入口附近，且有醒目的标识，便于老年人找到或其家属咨询、办理入住登记。

5.5.2 老年养护院和养老院的总值班室，靠近建筑主入口设置，从管理与安保要求出发，设置建筑设备设施控制系统、呼叫报警系统和电视监控系统，以便于及时发现和处置紧急情况。

5.5.3 厨房应当便于餐车的出入、停放和消毒，设置在相对独立的区域，并采用适当的防潮、消声、隔声、通风、除尘措施，以避免蒸汽、噪声和气味对老年人用房的干扰。

5.5.4 职工用房应含职工休息室、职工沐浴间、卫生间、职工食堂等，宜独立设置，既方便职工人员使用，并可避免对老年人用房的干扰。

5.5.5 洗衣房主要是护理服务人员为介护老年人清洁衣物和为其他老年人清洁公共被品等，为达到必要的卫生要求，平面布置需要做到洁污分区。洗衣房除具有洗衣功能外，还需为消毒、叠衣和存放等功能提供空间。

6 安 全 措 施

6.1 建筑物出入口

6.1.1 养老设施建筑的出入口是老年人集中使用的

场所，考虑到老年人的体能衰退和紧急疏散的要求，专门规定了老年人使用的出入口数量。为方便轮椅出入及回转，外开平开门是最基本形式。如条件允许，推荐选用电动推拉感应门，且旁边增设外平开疏散门。

6.1.2 考虑老年人缓行、停歇、换乘等方便，养老设施建筑出入口至机动车道路之间需留有充足的避让缓冲空间。

6.1.3 出入口门厅、平台、台阶、坡道等设计的各项参数和要求均取自较高标准，目的是降低通行障碍，适应更多的老年人方便使用。

6.2 竖 向 交 通

6.2.1 本条规定了养老设施建筑的楼梯设计要求。需要强调的是对反应能力、调整能力逐渐降低的老年人而言，在楼梯上行或下行时，如若踏步尺度不均衡，会造成行走楼梯的困难。而踏面下方透空，对于拄杖老年人而言，容易造成打滑失控或摔伤。通过色彩和照明的提示，引起过往老年人注意，可以提高通行安全的保障力。

6.2.2 电梯运行速度不大于 1.5m/s，主要考虑其启停速度不会太快，可减少患有心脏病、高血压等症老年人搭乘电梯时的不适感。放缓梯门关闭速度，是考虑老年人的行动缓慢，需留出更多的时间便于老年人出入电梯，避免因门扇突然关闭而造成惊吓和夹伤。

6.3 水 平 交 通

6.3.1 养老设施建筑的过厅、走廊、房间的地面不应设有高差，如遇有难以避免的高差时，在高差两侧衔接处，要充分考虑轮椅通行的需要，并有安全提示装置。

6.3.2、6.3.3 走廊的净宽和房间门的尺寸是考虑轮椅和担架床、医用床进出且门扇开启后的净空尺寸。1.2m 的门通常为子母门或推拉门。当房门向外开向走廊时，需要留有缓冲空间，以防阻碍交通。在水平交通中既要保证老年人无障碍通行，又要保证担架床、医用床全程进出所有老年人用房。

6.3.4 由于老年人体能逐渐减弱，他们活动的间歇明显加密。在老年人的活动和行走场所以及电梯候梯厅等，加设休息座椅，对缓解疲劳，恢复体能大有裨益。同时老年人之间的交往无处不在，这些休息座椅也提供了老年人相互交流的机会，利于老年人的身心健康。但休息座椅的设置是有前提的，不能以降低消防前室（厅）的安全度为代价。

6.4 安全辅助措施

6.4.1 老年人因身体衰退常常在经过公共走廊、过厅、浴室和卫生间等处需借助安全扶手等扶助技术措施通行，本条文中专门规定了养老设施建筑中安全扶手的适宜设计尺寸，其中最小有效长度是考虑不小于老年人两手同时握住扶手的尺寸。

6.4.2 老年人行为动作准确性降低，转角与墙面的处理，利于保证老年人通行时的安全以及避免轮椅等助行设备的磕碰。

6.4.3 养老设施建筑的导向标识系统是必要的安全措施，它对于记忆和识别能力逐渐衰退的老年人来说更加重要。出入口标识、楼层平面示意图、楼梯间楼层标识等连续、清晰，可导引老年人安全出行与疏散，有效地减少遇险时的慌乱。

6.4.4 本条的主要目的是防止因日常疏忽导致老年人发生意外。

　　1 老年人行动迟缓，反应较慢，沿老年人行走的路线，做好各种安全防护措施，以防烫伤、扎伤、擦伤等。

　　2 防火门上设透明的防火玻璃，便于对老年人的行动观察与突发事件的救助。防火门的开关设有阻尼缓冲装置，以避免在门扇关闭时，容易夹碰轮椅或拐杖，造成伤害。

　　3 本规定主要是便于对老年人发生意外时的救助。

　　4 失智老年人行为自控能力差，在每个养护单元的出入口处设置视频监控、感应报警等安全措施，以防老年人走失及意外事故。

　　5 养老设施建筑的开敞阳台或屋顶上人平台上的临空处不应设可攀登扶手，防止老年人攀爬失足，发生意外。供老年人活动的屋顶平台女儿墙护栏高度不应低于 1.20m，也是防止老年人意外失足，发生高空坠落事件。在医院及其他建筑的无障碍设计中，经常有双层扶手的使用需要，这在养老设施建筑的开敞阳台和屋顶上人平台上的临空处是禁止的。

　　6 为便于老年人在发生火灾时有序疏散及实施外部救援，在老年人居室设置了安全疏散指向图标。考虑到老年人视力减弱，在墙面凸出处、临空框架柱等特殊位置加以显著标识提示，增强辨识度和安全警示。

7 建筑设备

7.1 给水与排水

7.1.1 在寒冷、严寒、夏热冬冷地区由于气候因素应供应热水，其余地区可酌情考虑是否设置热水供应。为方便老年人使用，一般情况下采用集中热水供应系统，并保证集中热水供应系统出水温度适合、操作简单、安全。有条件的地方优先使用太阳能，既方便使用，也符合绿色、节能的理念。

7.1.2 世界卫生组织（WHO）研究了接触噪声的极限，比如心血管病的极限，是长期在夜晚接受 50dB

（A）的噪声；而睡眠障碍的极限较低，是 42dB（A）；更低的是一般性干扰，只有 35dB（A）。老年人大多患有心脏病、高血压、抑郁症、神经衰弱等疾病，对噪声很敏感，尤其是 65dB（A）以上的突发噪声，将严重影响患者的康复，甚至导致病情加重。因此，需选用流速小，流量控制方便的节水型、低噪声的卫生洁具和给排水配件、管材。

7.1.3 为符合无障碍要求，方便轮椅的进出，自用卫生间、公用卫生间、公用沐浴间、老年人专用浴室等可以选用悬挂式洁具且下水管尽可能地进墙或贴墙。

7.1.4 由于老年人行动不便及记忆力衰退，需要选用具有自控、便于操作的水嘴和卫生洁具。

7.2 供暖与通风空调

7.2.1 "集中供暖"从节能、供暖质量、环保等因素来看，是供暖方式的主流，严寒和寒冷地区应用尤为普遍。从供暖舒适度及安全保护等角度出发，考虑使用低温地板辐射供暖系统对养老设施的适用性和实用性是比较好的。本条对于夏热冬冷地区的供暖系统形式未作明确规定，主要是考虑这些地区基本可以设置分体空调或多联中央空调来解决夏季供冷，冬季供热的问题。

7.2.2 采用集中供暖的养老设施建筑，常用的供暖系统形式为低温地板辐射供暖系统和散热器采暖系统。以高温热水或者蒸汽作为热源，由于其压力和温度均较高，系统运行故障发生时不便于排除，以不高于 95℃ 的热水作为供暖热媒，从节能、温度均匀、卫生和安全等方面，均比直接采用高温热水和蒸汽合理。

7.2.3 当养老设施设有集中供暖系统时，公用沐浴间、老年人专用浴室需设置供暖设施。对于不设集中供暖系统的养老设施，公用沐浴间、老年人专用浴室需留有采暖设备安装空间，并根据当地的实际情况确定公用浴室的供暖方式。

7.2.4 根据养老设施建筑的使用特点，本条专门强调了有关房间的室内供暖计算温度。走道、楼梯间、阳光厅/风雨廊的室内供暖计算温度可以按 18℃ 计算。考虑到老年人经常理发的需要，生活服务用房中的理发室可按 20℃ 计算。

7.2.5 养老设施建筑的公用厨房和自用、公用卫生间的排气和通风，是老年人生活保障、个人卫生的重要需求。设置机械排风设施有利于室内污浊空气的快速排除。

7.2.6 严寒、寒冷及夏热冬冷地区的公用厨房，冬季关闭外窗和非炊事时间排气机械不运转的情况下，应向室外自然排除燃气或烟气的通路。设置有避风、防雨构造的外墙通风口或通风器等可做到全面通风。

7.2.7 严寒、寒冷及夏热冬冷地区的养老设施建筑，冬季往往长时间关闭外窗，这对空气质量极为不利。而老年人又长期生活在室内，且体弱多病，抵抗力差等，非常需要更多更好的通风换气环境。通风换气量以使用单元体积为基础不低于 1.5 次/每小时的换气量为宜。

7.2.8 本条是为了提高养老设施在夏季的室内舒适性。

7.2.9 考虑到养老设施的使用特点，室温控制是保证舒适性的前提。采用分室温度控制，可根据采用的空调方式确定。一般集中空调系统的风机盘管可以方便地设置室温控制设施，分体式空调器（包括多联机）的室内机也均具有能够实现分室温控的功能。设置全空气空调系统的房间实现分室温控会有一定难度，设备投资相对加大，在经济不许可的条件下不推荐使用。

7.2.10 老年人对噪声和其他的干扰可能会更加敏感和脆弱。因此，对水泵和风机等设备所产生的噪声和其他干扰，需特别强调避免。

7.3 建筑电气

7.3.1、7.3.2 本条规定了养老设施建筑居住、活动和辅助空间的照明配置与照度值，考虑到老年人的视力较弱，其照度标准稍有提高。

7.3.3 设置脚灯既方便老年人夜间如厕，还可兼消防应急疏散标识照明。

7.3.4 从老年人特点出发，养老设施建筑的照明开关应当昼夜都易识别，安装高度方便轮椅使用者的使用。

7.3.5 考虑到老年人的行动安全，雨篷灯及门口灯可以不采用节能自熄开关。

7.3.6 为节约能源，同时考虑到老年人的行动特点，养老设施建筑公共交通空间的照明，均宜采用声光控开关控制。

7.3.7、7.3.8 养老设施建筑设专线配电，每间（套）设电能计量表并单设配电箱，主要是出于供电的可靠性和方便管理的考虑。老年人行动不便、视力与记忆力不好，经常停电会给老年人的安全生活带来隐患，但从实际情况考虑，可能有些地区供电条件不允许，故提出为宜。

7.3.9 养老设施建筑中的安全型电源插座，主要是从安全与使用方面考虑，以防老年人无意碰到或使用不当时，造成触电危险。养老设施建筑的居住用房插座高度的确定是以床头柜的高度为依据，厨房操作台电源插座的高度是以坐轮椅的人方便操作为依据。

7.3.10 从老年人的居住、活动规律和需要出发，配备电话、电视和信息网络终端口，为老年人创造良好的生活环境。

7.3.11 考虑老年人易出现突发状况，规定设置紧急呼叫的设施。高度分别按老年人站姿、坐姿或卧姿的不同状态来规定。

7.3.12 设置视频安防监控系统的目的是为了及时保护老年人的人身安全，养老设施建筑应根据功能需求设置相应的护理智能化系统。视频安防监控系统应设置在公共部位。对于老年人在卫生间洗澡、如厕易发生意外的情况，如有条件可设置红外探测报警仪或地面设置低卧位探测报警探头等。

7.3.13 老年人的安全是第一位的，因而做好电气安全防护是非常重要的。

中华人民共和国行业标准

老年人建筑设计规范

Code for design of buildings for elderly persons

JGJ 122—99

主编单位：哈 尔 滨 建 筑 大 学
批准部门：中华人民共和国建设部
　　　　　中华人民共和国民政部
施行日期：1 9 9 9 年 1 0 月 1 日

关于发布行业标准《老年人建筑设计规范》的通知

建标［1999］131 号

根据建设部《关于印发一九九五年城建、建工工程建设行业标准制订、修订项目计划（第二批）的通知》（建标［1995］661 号）的要求，由哈尔滨建筑大学主编的《老年人建筑设计规范》，经审查，批准为强制性行业标准，编号 JGJ 122—99，自 1999 年 10 月 1 日起施行。

本标准由建设部建筑设计标准技术归口单位中国建筑技术研究院负责管理，哈尔滨建筑大学负责具体解释，建设部标准定额研究所组织中国建筑工业出版社出版。

中华人民共和国建设部
中华人民共和国民政部
1999 年 5 月 14 日

前　　言

根据建设部建标［1995］661 号文的要求，规范编制组在广泛调查研究，认真总结实践经验，参考有关国际标准和国外先进标准，并广泛征求意见基础上，制定了本规范。

本规范的主要技术内容是：1. 总则；2. 术语；3. 基地环境设计；4. 建筑设计；5. 建筑设备与室内设施。

本规范由建设部建筑设计标准技术归口单位中国建筑技术研究院建筑标准设计研究所归口管理，授权由主编单位负责具体解释。

本规范主编单位是：哈尔滨建筑大学（地址：哈尔滨市南岗区西大直街 66 号哈尔滨建筑大学 510 信箱；邮政编码：150006）。

本规范参加单位是：青岛建筑工程学院、大连理工大学、新艺华室内设计公司、吉林建筑工程学院、建设部居住建筑与设备研究所、中国城市规划设计研究院。

本规范主要起草人员是：常怀生、李健红、王镛、陆伟、麦裕新、王亮、开彦、王玮华、张安、林文杰、刘学贤、白小鹏、吴冬梅。

目　次

1 总 则

1.0.1 为适应我国社会人口结构老龄化,使建筑设计符合老年人体能心态特征对建筑物的安全、卫生、适用等基本要求,制定本规范。

1.0.2 本规范适用于城镇新建、扩建和改建的专供老年人使用的居住建筑及公共建筑设计。

1.0.3 专供老年人使用的居住建筑和公共建筑,应为老年人使用提供方便设施和服务。具备方便残疾人使用的无障碍设施,可兼为老年人使用。

1.0.4 老年人建筑设计除应符合本规范外,尚应符合国家现行有关强制性标准的规定。

2 术 语

2.0.1 老龄阶段 The Aged Phase

60 周岁及以上人口年龄段。

2.0.2 自理老人 Self-helping Aged People

生活行为完全自理,不依赖他人帮助的老年人。

2.0.3 介助老人 Device-helping Aged People

生活行为依赖扶手、拐杖、轮椅和升降设施等帮助的老年人。

2.0.4 介护老人 Under Nursing Aged People

生活行为依赖他人护理的老年人。

2.0.5 老年住宅 House for the Aged

专供老年人居住,符合老年体能心态特征的住宅。

2.0.6 老年公寓 Apartment for the Aged

专供老年人集中居住,符合老年体能心态特征的公寓式老年住宅,具备餐饮、清洁卫生、文化娱乐、医疗保健服务体系,是综合管理的住宅类型。

2.0.7 老人院(养老院) Home for the Aged

专为接待老年人安度晚年而设置的社会养老服务机构,设有起居生活、文化娱乐、医疗保健等多项服务设施。

2.0.8 托老所 Nursery for the Aged

为短期接待老年人托管服务的社区养老服务场所,设有起居生活、文化娱乐、医疗保健等多项服务设施,可分日托和全托两种。

2.0.9 走道净宽 Net Width of Corridor

通行走道两侧墙面凸出物内缘之间的水平宽度,当墙面设置扶手时,为双侧扶手内缘之间的水平距离。

2.0.10 楼梯段净宽 Net Width of Stairway

楼梯段墙面凸出物与楼梯扶手内缘之间,或楼梯段双面扶手内缘之间的水平距离。

2.0.11 门口净宽 Net Width of Doorway

门扇开启后,门框内缘与开启门扇内侧边缘之间的水平距离。

3 基地环境设计

3.0.1 老年人建筑基地环境设计,应符合城市规划要求。

3.0.2 老年居住建筑宜设于居住区,与社区医疗急救、体育健身、文化娱乐、供应服务、管理设施组成健全的生活保障网络系统。

3.0.3 专为老年人服务的公共建筑,如老年文化休闲活动中心、老年大学、老年疗养院、干休所、老年医疗急救康复中心等,宜选择临近居住区,交通进出方便,安静,卫生、无污染的周边环境。

3.0.4 老年人建筑基地应阳光充足,通风良好,视野开阔,与庭院结合绿化、造园,宜组合成若干个户外活动中心,备设坐椅和活动设施。

4 建筑设计

4.1 一般规定

4.1.1 老年人居住建筑应按老龄阶段从自理、介助到介护变化全程的不同需要进行设计。

4.1.2 老年人公共建筑应按老龄阶段介助老人的体能心态特征进行设计。

4.1.3 老年人公共建筑,其出入口、老年所经由的水平通道和垂直交通设施,以及卫生间和休息室等部位,应为老年人提供方便设施和服务条件。

4.1.4 老年人建筑层数宜为三层及三层以下;四层及四层以上应设电梯。

4.2 出入口

4.2.1 老年人居住建筑出入口,宜采取阳面开门。出入口内外应留有不小于 1.50m×1.50m 的轮椅回旋面积。

4.2.2 老年人居住建筑出入口造型设计,应标志鲜明,易于辨认。

4.2.3 老年人建筑出入口门前平台与室外地面高差不宜大于0.40m,并应采用缓坡台阶和坡道过渡。

4.2.4 缓坡台阶踏步面高不宜大于 120mm,踏面宽不宜小于380mm,坡道坡度不宜大于 1/12。台阶与坡道两侧应设栏杆扶手。

4.2.5 当室内外高差较大设坡道有困难时,出入口前可设升降平台。

4.2.6 出入口顶部应设雨篷;出入口平台、台阶踏步和坡道应选用坚固、耐磨、防滑的材料。

4.3 过厅和走道

4.3.1 老年人居住建筑过厅应具备轮椅、担架回旋条件,并应符合下列要求:

1 户室内门厅部位应具备设置更衣、换鞋用橱柜和椅凳的空间。

2 户室内面对走道的门与门、门与邻墙之间的距离,不应小于 0.50m,应保证轮椅回旋和门扇开启空间。

3 户室内通过式走道净宽不应小于 1.20m。

4.3.2 老年人公共建筑,通过式走道净宽不宜小于 1.80m。

4.3.3 老年人出入经由的过厅、走道、房间不得设门坎,地面不宜有高差。

4.3.4 通过式走道两侧墙面 0.90m 和 0.65m 高处宜设 φ40～50mm 的圆杆横向扶手,扶手离墙表面间距 40mm;走道两侧墙面下部应设 0.35m 高的护墙板。

4.4 楼梯、坡道和电梯

4.4.1 老年人居住建筑和老年人公共建筑,应设符合老年体能心态特征的缓坡楼梯。

4.4.2 老年人使用的楼梯间,其楼梯段净宽不得小于 1.20m,不得采用扇形踏步,不得在平台区内设踏步。

4.4.3 缓坡楼梯踏步踏面宽度,居住建筑不应小于 300mm,公共建筑不应小于 320mm；踏面高度，居住建筑不应大于 150mm，公共建筑不应大于 130mm。踏面前缘宜设高度不大于 3mm 的异色防滑警示条，踏面前缘前凸不宜大于 10mm。

4.4.4 不设电梯的三层及三层以下老年人建筑宜兼设坡道，坡道净宽不宜小于 1.50m，坡道长度不宜大于 12.00m，坡度不宜大于 1/12。坡道设计应符合现行行业标准《方便残疾人使用的城市道路和建筑物设计规范》JGJ50 的有关规定。并应符合下列要求：

　　1 坡道转弯时应设休息平台，休息平台净深度不得小于 1.50m。

　　2 在坡道的起点及终点，应留有深度不小于 1.50m 的轮椅缓冲地带。

　　3 坡道侧面凌空时，在栏杆下端宜设高度不小于 50mm 的安全挡台。

4.4.5 楼梯与坡道两侧离地高 0.90m 和 0.65m 处应设连续的栏杆与扶手，沿墙一侧扶手应水平延伸。扶手设计应符合本规范第 4.3.4 条的规定。扶手宜选用优质木料或手感较好的其他材料制作。

4.4.6 设电梯的老年人建筑，电梯厅与轿厢尺度必须保证轮椅和急救担架进出方便，轿厢沿周边离地 0.90m 和 0.65m 高处设辅助安全扶手。电梯速度宜选用慢速度，梯门宜采用慢关闭，并内装电视监控系统。

4.5 居　室

4.5.1 老年人居住建筑的起居室、卧室，老年人公共建筑中的疗养室、病房，应有良好朝向、天然采光和自然通风，室外宜有开阔视野和优美环境。

4.5.2 老年住宅、老年公寓、家庭型老人院的起居室使用面积不宜小于 14m²；卧室使用面积不宜小于 10m²。矩形居室的短边净尺寸不宜小于 3.00m。老年人基础设施参数应符合附录 A 的规定。

4.5.3 老人院、老人疗养室、老人病房等合居型居室，每室不宜超过三人，每人使用面积不应小于 6m²。矩形居室短边净尺寸不宜小于 3.30m。

4.6 厨　房

4.6.1 老年住宅应设独用厨房；老年公寓除设公共餐厅外，还应设备户独用厨房；老人院除设公共餐厅外，宜设少量公用厨房。

4.6.2 供老年人自行操作和轮椅进出的独用厨房，使用面积不小于 6.00m²，其最小短边净尺寸不应小于 2.10m。

4.6.3 老人院公用小厨房应分层或分组设置，每间使用面积宜为 6.00～8.00m²。

4.6.4 厨房操作台面高不宜小于 0.75～0.80m，台面宽度不应小于 0.50m，台下净空高度不应小于 0.60m，台下净空前后进深不应小于 0.25m。

4.6.5 厨房宜设吊柜，柜底离地高度宜为 1.40～1.50m；轮椅操作厨房，柜底离地高度宜为 1.20m。吊柜深度比案台退进 0.25m。

4.7 卫生间

4.7.1 老年住宅、老年公寓、老人院应设紧邻卧室的独用卫生间，配置三件卫生洁具，其面积不宜小于 5.00m²。

4.7.2 老人院、托老所应分别设公用卫生间、公用浴室和公用洗衣间。托老所备有全托时，全托者卧室宜设紧邻的卫生间。

4.7.3 老人疗养室、老人病房，宜设独用卫生间。

4.7.4 老年人公共建筑的卫生间，宜临近休息厅，并应设便于轮椅回旋的前室，男女各设一具轮椅进出的厕所小间，男卫生间应设一具立式小便器。

4.7.5 独用卫生间应设坐便器、洗面盆和浴盆淋浴器。坐便器高度不应大于 0.40m，浴盆及淋浴坐椅高度不应大于 0.40m。浴盆

一端应设不小于 0.30m 宽度坐台。

4.7.6 公用卫生间厕位间平面尺寸不宜小于 1.20m×2.00m，内设 0.40m 高的坐便器。

4.7.7 卫生间内与坐便器相邻墙面应设水平高 0.70m 的"L"形安全扶手或"Π"形落地式安全扶手。贴墙浴盆的墙面应设水平高度 0.60m 的"L"形安全扶手，入盆一侧贴墙设安全扶手。

4.7.8 卫生间宜选用白色卫生洁具，平底防滑式浅浴盆。冷、热水混合式龙头宜选用杠杆式或掀压式开关。

4.7.9 卫生间、厕位间宜设平开门，门扇向外开启，留有观察窗口，安装双向开启的插销。

4.8 阳　台

4.8.1 老年人居住建筑的起居室或卧室应设阳台，阳台净深度不宜小于 1.50m。

4.8.2 老人疗养室、老人病房宜设净深度不应小于 1.50m 的阳台。

4.8.3 阳台栏杆扶手高度不应小于 1.10m，寒冷和严寒地区宜设封闭式阳台。顶层阳台应设雨篷。阳台板底或侧壁，应设可升降的晾晒衣物设施。

4.8.4 供老人活动的屋顶平台或屋顶花园，其屋顶女儿墙护栏高度不应小于 1.10m；出平台的屋顶突出物，其高度不应小于 0.60m。

4.9 门　窗

4.9.1 老年人建筑公用外门净宽不得小于 1.10m。

4.9.2 老年人住宅户门和内门（含厨房门、卫生间门、阳台门）通行净宽不得小于 0.80m。

4.9.3 起居室、卧室、疗养室、病房等门扇应采用可观察的门。

4.9.4 窗扇宜镶用无色透明玻璃。开启窗口应设防蚊蝇纱窗。

4.10 室内装修

4.10.1 老年人建筑内部墙体阳角部位，宜做成圆角或切角，且在 1.80m 高度以下做与墙体粉刷齐平的护角。

4.10.2 老年人居室不应采用易燃、易碎、化纤及散发有害有毒气味的装修材料。

4.10.3 老年人出入和通行的厅室、走道地面，应选用平整、防滑材料，并应符合下列要求：

　　1 老年人通行的楼梯踏步面应平整防滑无障碍，界限鲜明，不宜采用黑色、显深色面料。

　　2 老年人居室地面宜用硬质木料或富弹性的塑胶材料，寒冷地区不宜采用陶瓷材料。

4.10.4 老年人居室不宜设吊柜，应设贴壁式贮藏壁橱。每人应有 1.00m³ 以上的贮藏空间。

5 建筑设备与室内设施

5.0.1 严寒和寒冷地区老年人居住建筑应供应热水和采暖。

5.0.2 炎热地区老年人居住建筑宜设空调降温设备。

5.0.3 老年人居住建筑居室之间应有良好隔声处理和噪声控制。允许噪声级不应大于 45dB，空气隔声不应小于 50dB，撞击声不应大于 75dB。

5.0.4 建筑物出入口雨篷板底或门口侧墙应设灯光照明。阳台应设灯光照明。

5.0.5 老年人居室夜间通向卫生间的走道、上下楼梯平台与踏步联结部位，在其临墙离地高 0.40m 处宜设灯光照明。

5.0.6 起居室、卧室应设多用安全电源插座，每室宜设两组，插孔离地高度宜为 0.60～0.80m；厨房、卫生间宜各设三组，插孔

离地高度宜为 0.80～1.00m。

5.0.7 起居室、卧室应设闭路电视插孔。

5.0.8 老年人专用厨房应设燃气泄漏报警装置；老年公寓、老人院等老年人专用厨房的燃气设备宜设总调控阀门。

5.0.9 电源开关应选用宽板防漏电式按键开关，高度离地宜为 1.00～1.20m。

5.0.10 老年人居住建筑每户应设电话，居室及卫生间厕位旁应设紧急呼救按钮。

5.0.11 老人院床头应设呼叫对讲系统、床头照明灯和安全电源插座。

附录 A 老年人设施基础参数

A.0.1 老年人用床尺寸应符合下列要求：

1 单人床：长度 2.00m，宽度 1.10m，高度 0.40～0.45m；
2 双人床：长度 2.00m，宽度 1.60m，高度 0.40～0.45m。

A.0.2 急救担架尺寸应为
长度 2.30m，宽度 0.56m。

A.0.3 轮椅应符合现行行业标准《方便残疾人使用的城市道路

和建筑物设计规范》JGJ50 有关规定。

A.0.4 家具应圆角圆棱、坚固稳定、尺度适宜、便于扶靠和使用。

本规范用词说明

1.0.1 为便于在执行本规范条文时区别对待，对于要求严格程度不同的用词说明如下：

1 表示很严格，非这样做不可的：
正面词采用"必须"；
反面词采用"严禁"。

2 表示严格，在正常情况下均应这样做的：
正面词采用"应"；
反面词采用"不应"或"不得"。

3 表示允许稍有选择，在条件许可时，首先应这样做的：
正面词采用"宜"；
反面词采用"不宜"。
表示有选择在一定条件下可以这样做的采用"可"。

1.0.2 条文中指明应按其他有关标准执行的写法为，"应按……执行"或"应符合……要求（或规定）"。

中华人民共和国行业标准

老年人建筑设计规范

JGJ 122—99

条 文 说 明

前　言

《老年人建筑设计规范》（JGJ 122—99），经建设部、民政部一九九九年五月十四日以建标［1999］131 号文批准，业已发布。

为便于广大设计、施工、科研、学校等单位的有关人员在使用本规范时能正确理解和执行条文规定，《老年人建筑设计规范》编制组按章、节、条顺序编制了本规范的条文说明，供国内使用者参考。在使用中如发现本条文说明有不妥之处，请将意见函寄哈尔滨建筑大学建筑系（环境心理学研究实验中心）。

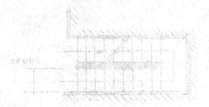

目　次

1 总 则

1.0.1 中华民族素有尊老扶幼的传统美德。我国现有老龄人口1.2亿，占全国人口的1/10，而这个比率在逐年增大。这就要求全社会都来关注这1/10人口的生活行为需求。这些人是"植树人"，是社会财富的创造者，今日社会的一切，都来自于昨天，来自于他们的双手。他们是社会功臣，今日社会理所当然地应怀着感激的心情关注他们，为他们提供参与社会生活安度晚年的一切方便。因此，所有建筑领域都应结合具体实际，为老年人参与行为，进行周密的规划、组织与设计，保证他们具有年轻人的平等参与机会。这不仅是老年族群的需要，也是社会文明建设的需要，这是本规范制定的原始依据。本规范是以方便老年人使用为目标的建筑设计规范。

由于年龄的变化，步入老年后人们的体能心态都会逐渐改变，形成老年特征。这种特征要求建筑设计必须突出强调使用中的安全性，消除隐患，避免可能发生的环境伤害，从而提高老年的生活质量。

人们随着年龄的增长，视力会衰退、眼花、色弱，甚至失明；步履蹒跚，行走障碍，抬腿困难，甚至需借助扶手、拐杖或轮椅；动作迟缓、准确度降低，常需要较宽松的空间环境；在心理上多有孤独感，更需关怀相互交往，提供参与社会的平等机会则十分必要。这些特征就构成了老年人建筑设计的前提。

1.0.2 专供老年人的居住建筑，包括老年住宅、老年公寓、干休所、老人院（养老院）和托老所等老年人长期生活的场所，这些建筑必须满足老年体能心态特征要求；

老年人的公共建筑，是以老年人为主要服务对象的建筑，如老年文化休闲活动中心、老年大学、老年疗养院和老年医疗急救康复中心等，这些建筑都应为老年人使用提供方便设施。

1.0.4 老年人建筑设计规范是着眼于方便老年这一特定目标的建筑设计规范，它不构成规范单一的建筑类型，它实质上是对现行建筑类型设计规范的补充，是仅以方便老年人为特定目标的特殊性规范。建筑设计的共性要求，按民用建筑设计通则（JGJ37）；民用建筑热工设计规范（GB50176）；民用建筑节能设计标准（采暖居住建筑部分）（JGJ26）；建筑设计防火规范（GBJ16）；住宅建筑设计规范（GBJ96）以及相关建筑设计规范要求设计。

2 术 语

2.0.9 走道净宽见图1。

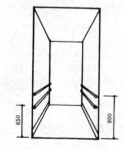

图 1 走道净宽

2.0.10 楼梯段净宽见图2。

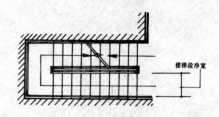

图 2 楼梯段净宽

2.0.11 门口净宽见图3。

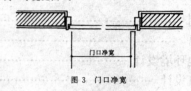

图 3 门口净宽

3 基地环境设计

3.0.2 老年住宅、老年公寓、老人院都应设置于居民区，使老年人不脱离社区生活。同时组成相应的生活保障网络系统，使老年人得到良好的社区服务，真正获得安度晚年的生活环境。

3.0.3、3.0.4 老年文化休闲活动中心，亦称离退休职工活动中心，是新形势下产生的一种新的建筑类型，是专门为老年人提供的综合性文化休闲活动建筑。其中设有不同规模、不同内容的活动厅室，如游艺厅、健身厅、舞厅；音乐欣赏、戏曲欣赏、书画欣赏；休息厅、餐厅、茶室、小卖部；有的设有游泳池，还有咨询服务室等，与之相配合的还有衣帽间、卫生间、接待、管理办公室等辅助设施。

老年大学，是专门为老年人提供的陶冶心境交流逸趣的学习园地，是一种特殊类型的学校建筑。根据学员的爱好常设有文学、历史、书法、绘画、雕塑、园艺、戏曲、音乐、舞蹈、体育保健、烹饪、社会学、心理学、政治学、经济学、法学、现代科技等专题讲座，相应设不同规模的多功能教室，还设有图书资料阅览室、学员作品陈列观摩室、健身室、休息室、医疗急救室，有的还设餐厅、茶室、小卖部，还有卫生间以及管理办公等辅助设施。

老年疗养院、干休所是专门接待老年人疗养的疗养院、休养所，除了具备一般疗养院所应具备的基本设施之外，应针对老年的体能和常见病，提供相应的疗养设施和方便服务条件。

老年医疗急救康复中心，是专门接待老年患者的医疗急救康复医院，应具备对老年患者的医疗急救和康复所需要的设施和服务条件。

上述直接服务于老年人的公共建筑，应能临近居民区，交通进出方便，便于老年人利用；或者能兼顾几个服务区，形成服务辐射网络中心，应具有良好的安静卫生环境。

离退休后的老年人，对户外活动的需要较高，他们聚在一起山南海北无所不侃，是老年生活的一大乐趣，在这里他们驱散了孤独感。庭院设计应提供这种便利，备设坐椅和必要的活动设施。

4 建筑设计

4.1 一 般 规 定

4.1.1 每一个家庭，每一位老年人都存在从健康自理，发展到需要借助扶手、拐杖、轮椅，甚至于借助护理的可能性。这种变化，一般是渐变的，但也有由于意外伤害而发生突变。其引发变化的原因，除了体能自然衰退因素之外，还有由于地面不平、楼梯过陡、缺少安全扶手、用材不当等环境因素造成跌伤、挫伤、骨折、脑出血等等导致突变。

老年住宅、老年公寓、老人院（护理院、安怀院）的设计应按老龄阶段老年人变化的全过程设计，其中既含自理老人，也含有介助老人生活行为所需要的设施，还应提供介护老人生活行为所需的护理空间与设施条件。

4.1.2 老年人公共建筑仅考虑自理老人和介助老人参与活动，按介助老人体能心态需求进行设计，不考虑介护老人参与活动的可能性。

4.1.3 老年人由于体能衰退表现出与常人不同的特征，主要表现在水平与垂直交通行为上。而建筑物各个层面的高差是不可避免的，如何为老年人提供方便的设施则是设计者必须解决的课题。公共建筑物应为老年人提供方便进出的出入口、水平通道和楼梯间，还要为各种老年人使用卫生间提供便利。由于老年人体力衰弱，持续的站立行走都有困难，在公共建筑提供休息空间是必要的。

4.2 出 入 口

4.2.1 门前是老年人经常聚会的地方，为老年提供阳面出入口，对其心理健康有益。阴面设楼梯，阳面入口比较容易组织门内轮椅回旋空间。

4.2.2 出入口造型设计，并非仅从造型艺术考虑，主要着眼于老年记忆衰退，甚至迷路忘家，突出标志性特色，是老年人建筑功能上的特殊需要。

4.2.3 建筑物的出入口是老年人进出建筑物的第一道关口，出入口是否方便老年人进出，直接影响老年人生活质量。

老年人体能衰退是自然规律，进入老龄阶段或早或迟都会出现腿脚不便，抬腿高程降低，有的老年人上下台阶甚至两脚同踏一个踏步面，常规台阶踏步尺度很难适应，因此将出入口门前台阶坡度调缓是必要的。

4.3 过厅和走道

4.3.1 户内通过式走道净宽略大于轮椅宽度，采取1.20m。

4.3.2 老年人公共建筑通过式走道，按双排轮椅相并行，总净宽1.80m，且走道两侧墙面不应凸出障碍物。

4.3.4 通过式走道两侧墙面设介助扶手，对于年老体衰的老人或愈后康复的老人十分必要。在老年公寓、老人院、老年疗养院、老年医疗康复中心、综合医院老年病区等建筑的走道都应设置。在一般老年住宅，可预设安装介助扶手的基座，待实际需要时再装扶手。扶手以圆形断面最佳，可扶可抓握，成为老人行动依赖的可靠安全工具。

4.4 楼梯、坡道和电梯

4.4.3 体现老年人体能心态特征的方便老年人使用的建筑，最突出的一点就表现在楼梯设计上。楼梯设计是否合理，不仅直接影响老年人使用是否方便，而且直接关系到老年人的安全。每年都有老年人因楼梯不当，而跌倒摔伤致残，甚者致亡。现行的设计标准和设计实态对老年体能心态特征考虑不足，因而不尽合理。本规范作出新规定，直接为老年服务的建筑，应采用缓坡楼梯。

缓坡楼梯是依据自理老人体能逐渐衰退，抬腿高程降低，双脚共踏一步等现象而制定的。这种楼梯对借助拐杖的老人也比较适用。由于楼梯坡度变缓，使老人消除了向下俯视产生的倾覆恐惧感。

采用异色防滑条是基于老年人视力减弱后，对踏步边缘采取的警示性安全保护措施。

4.4.4 对于轮椅老人较多的老年公寓、老人院、老年疗养院，应

设坡道；至于坡道设几层，应根据实际情况确定，若轮椅老人所居楼层可调性较大，可集中于底层，则不一定必须设层间坡道。

坡道宽度按双排轮椅并行确定。

4.5 居 室

4.5.1 起居室、卧室和疗养室是老年人久居的房间，其朝向直接影响居住者的健康，应力争保证良好朝向。室外景观对老年人的心理健康也有影响，充满阳光的卧室会增加人们的生活信心与活力。应为老年人创造优美的室外景观，使老人心理获取环境的强力支持。

4.5.2 老年人居住建筑久居人数比较稳定，或者双人或者单身。双人老年户常将起居室与卧室分设，而单身者经常是起居兼卧室合而为一。老年人几乎整日生活在居室中，他们的生活空间局限于居室之内。据实态调查对现行老人居室普遍嫌小，特别是对文化层次越来越高的老人，生活空间不宜太小。老年居住建筑一般房间数量不会太多，因而空间规模不能太小，否则会使老人如居斗室生活不快。老年人动作迟缓，准确度降低，也需要较宽松的空间环境。鉴于上述多方面因素，本规范规定最低面积指标。

就老年居住建筑而言，人口构成单一明确，因而套型组合也较简单。这里仅提供居室控制面积，具体组合构成应参照普通住宅设计规范要求。对于老年人集中居住的老年公寓和老人院的户型设计，应注意人口变化的可调性，采用近似标准尺度的房间，有利于互换和调整。根据居住者的经济条件，提供不同的面积选择自由度。

矩形卧室对短边净尺寸的限制，是考虑到在床端允许轮椅自由通过的必要空间，还稍有余地，不宜小于3.00m。

4.5.3 老人疗养室和老人病房尚应按相关规范进行设计，其房间开间净宽在床端应具备轮椅回旋条件，不宜小于3.30m。

4.6 厨 房

4.6.1 老年公寓每户设置的独用厨房，规模可适当缩小，不一定普遍要求轮椅进出。身居公寓的老人，当操作困难时，多依赖公共餐厅供餐。

老人院的公用厨房，主要是为个别人特殊需要而设置的，供需用者共同使用的厨房，可同时设几组灶具共同使用。

4.6.2 自行操作轮椅进出的独用厨房，其净空宽度仅限轮椅回旋空间，考虑操作台所占空间，厨房开间应在1.50m之外再加0.50～0.60m，宜有2.10m以上。

4.7 卫 生 间

4.7.1 老年人身患泌尿系统病症较普遍，卫生间位置离卧室越近越方便。

4.7.2 托老所的公用卫生间，应设置于老人居住活动区中心部位，能够使周边的老人都能方便地利用。

4.7.6 公用卫生间厕位间平面尺寸在考虑轮椅老人进出的同时，还要考虑可能有护理者协助操作，因此空间应加大到1.20m×2.00m。

4.7.7 卫生间是老年事故多发地，设置尺度合适、安装牢靠的安全扶手十分必要。安全扶手是否牢固可靠，关键在于扶手基座是否坚固，必须在墙内或地面预埋坚固的基座再装扶手（图4-1、图4-2）。

4.7.8 卫生间卫生洁具白色最佳，不宜用黄色或红色。白色不仅感觉清洁而且易于随时发现老年人的某些病变，黄色或红色还会产生不愉快的联想。

条件允许时安装温水净身风干式坐便器，对自理操作困难的老人比较方便。

杠杆式或掀压式龙头开关比较适用于老年人，一般老年人手的握力降低，圆形旋拧式开关使用不便。

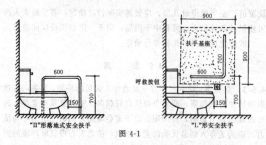

图 4-1

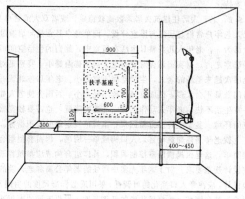

图 4-2 "L"形安全扶手，落地式立杆安全扶手

4.8 阳   台

4.8.3 阳台栏杆高度适当加高，老年人随着年龄增长，恐高心理也趋增强，随着楼层增高，恐高心理越发严重，所以高层居住建筑的阳台，其栏杆高度还需相应提高。

4.9 门   窗

4.9.2 老年住宅户内各门都应按轮椅进出要求设计，厨房、卫生间用门亦应如此，不能缩小。

4.9.4 老年视力普遍渐弱，不应选用有色玻璃，无色透明最受欢迎。

4.10 室内装修

4.10.2 容易造成视觉误导、眼花缭乱、碎裂伤人的玻璃质装修不宜用于老年人居住建筑，和老年人公共建筑楼梯间、休息厅等地。

老年居室更不宜采用纤维质软装修，特别是散发有毒有害气味的装修材料，应禁用。

4.10.3 硬质光滑材料，如磨光石材，不宜用于老年通行的通道、楼梯面料。生活中由于地面、楼梯面光滑致老年滑倒摔伤事故时有发生，在这里必须把安全置于首位，美观居次。

地面，特别是楼梯踏步、平台，不宜选用黑色或显深色面料。黑色在视觉上属退后色，特别是对于老年人会产生如临深渊之感，小心翼翼不敢投足。一般来说楼梯间采光普遍较暗，老年人从亮处进入暗处，对暗适应的调节速度较慢，会使眼睛难以适应，更增加了投足恐惧心理。另外，黑色也是淹没色，藏污纳垢，难辨脏洁。黑色与黑暗相联，是一种失去希望丧失信心的色彩，对老年人不利。

4.10.4 有的养老院设备简陋，利用床下设简易柜橱，老年取用十分困难；吊柜也不可取，取用不安全。北方气候寒冷备用御寒衣物鞋帽较多，每人提供 1.00m³ 的贮藏空间是必要的，南方相应可适当缩小。

5 建筑设备与室内设施

5.0.1 各地能源条件不尽相同，难以做到普遍供应冷热水，但对于老年人居住建筑应力争创造供热水条件。厨房、卫生间、厕所都应采暖，特别是卫生间应具备更衣洗浴所要求的温度条件。

5.0.3 老年人睡眠较轻，微小的响动都会影响熟睡；而老年人睡眠又常伴有鼾声，所以良好的隔声处理和噪声控制，应格外予以注意。对于老年公寓、老人院等应尽量提供单人居室或双人居室，多人同居会相互影响、有碍健康。

5.0.4 出入口照明对于老年人安全是必须的，灯光照明还有增强入口标志性的作用。阳台照明便于生活，特别是南方炎热，晚上多在阳台乘凉，照明是很需要的。

5.0.5 在非单人居室，为了防止由于某个人开灯上厕所，妨碍他人睡眠，在墙下设低位照明灯，是合适的。

在走道、楼梯平台与踏步联结部位设低位照明灯，有利于对老年人视力渐弱者示警，保证安全，又减少高灯亮度对周围造成的干扰（图 5）。

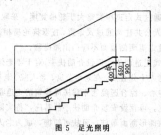

图 5 足光照明